当代建筑创作理论与创新实践系列

CONTEMPORARY
ARCHITECTURAL
THEORY AND PRACTICE

SPORTS BUILDING

体育建筑

李玲玲　周芳菲　主编

黑龙江科学技术出版社

图书在版编目（ＣＩＰ）数据

体育建筑 / 李玲玲, 周芳菲主编. -- 哈尔滨 ：黑
龙江科学技术出版社, 2023.6
（当代建筑创作理论与创新实践系列）
ISBN 978-7-5719-2054-8

Ⅰ. ①体… Ⅱ. ①李… ②周… Ⅲ. ①体育建筑 – 建
筑设计 – 研究 Ⅳ. ①TU245

中国国家版本馆 CIP 数据核字(2023)第 111382 号

当代建筑创作理论与创新实践系列——体育建筑
DANGDAI JIANZHU CHUANGZUO LILUN YU CHUANGXIN SHIJIAN XILIE——TIYU JIANZHU
李玲玲　周芳菲　主编

项目总监	朱佳新	
责任编辑	王　姝	
封面设计	董金玉	
出　　版	黑龙江科学技术出版社	
	地址：哈尔滨市南岗区公安街 70-2 号　邮编：150007	
	电话：（0451）53642106　传真：（0451）53642143	
	网址：www.lkcbs.cn	
发　　行	全国新华书店	
印　　刷	哈尔滨午阳印刷有限公司	
开　　本	889 mm×1194 mm　　1/12	
印　　张	17.5	
字　　数	400 千字	
版　　次	2023 年 6 月第 1 版	
印　　次	2023 年 6 月第 1 次印刷	
书　　号	ISBN 978-7-5719-2054-8	
定　　价	98.00 元	

目录 | CONTENTS

设计作品
DESIGN WORKS

RETURN TO THE ORIGIN: RE –PERCEIVING THE DESIGN ORIENTATION OF CHINESE SPORTS ARC HITECTURE
回归本原——中国体育建筑设计定位再思考

陈晓民　李冰 ｜ Chen Xiaomin　Li Bing

一、中国体育建筑存在的问题

近年来中国公共体育场馆的建设空前增长，随着一、二线城市建设量日趋饱和，三、四线城市的建设高潮悄然兴起。然而为赛事而建的大型体育场馆营建成本高、赛后闲置的现象普遍存在，大型体育场馆的运营成为无解的难题。尽管国家不断出台政策促进商业运营，提倡结合大众健身的运营方向，但是众多体育场馆仍陷于亏损困境。

另一方面，目前中国体育场馆的数量和人均比例远远低于西方发达国家，但大型、超大型的体育场馆数量却是世界领先，大众体育健身设施数量明显不足，同时呈现分布不均的状况。网易新闻网站依据国家体育总局2013年数据整理显示：（1）到2015年，中国人均体育场地面积约为1.5 ㎡，这个标准尚不足美国现有相应指标的1/10，不足日本现有相应指标的1/12（图1）；（2）中国居民健身方式以健步走和跑步为主，而通过球类项目健身人数仅占19.2%（图2）；（3）不满当前健身项目人群的主要期待项目为游泳、球类项目和健步走（分别占19.3%、17.5%和12.1%）。

分析数据结果可知，对场地设施要求高的体育项目应用度较低，但民众对其期望值较高，显示出中国体育场地设施建设与民众健身需求之间的不协调。

二、大型体育场馆使用分析

以北京城区某体育中心运营现状为例，其体育场、体育馆、游泳馆和综合训练馆2013年一年的经营收入占比情况总结如表1所示。数据直观显示除游泳馆经营收入的61%为自主经营收入外，其他场馆的场租和房租两部分之和均占经营收入的90%左右。体育场房租占92%；体育馆、游泳馆和综合训练馆的场租和房租占比接近。按照类别统计体育中心各场馆综合经营收入，房租成为所有收入的最大贡献者。

体育中心主要靠房租营生的境况不禁让我们思考其承办赛事功能及体育活动功能何在，如此高比例的房租构成昭示着大量商业、办公等业态被引入体育建筑，这又将带来怎样的结果。

进一步统计体育馆2013年一年举办大型活动情况（表2），场馆闲置率高达71.5%。通过大量招商引资、举办各项大型商演等活动，体育馆收支基本达到平衡。对其活动类型进行统计，举办体育比赛及运动会的天数仅为9天，参加人数为7 200人，分别占总活动天数和人数的8.7%和7.1%。而大量的企业年会、典礼活动、演唱会等占据了主要的活动功能。该体育中心位于北京城区，通过多种手段运营，尽力盘活所有设施，仅达到收支平衡。

三、大型体育场馆运营难的原因

大型体育场馆的运营难题不可能仅以出租场地的方式来解决，大众体育健身场地的不足也不可能完全以现有的大型体育场馆来补充。若要解决中国体育建筑的现实困境，我们需要首先明确下面两个问题。

其一，场馆建设和社会需求。一方面，办赛必先建馆，建馆又为承办大赛，建设和办赛互为因果，高标准、高投资成为建设主流，以塑造城市形象为目标，建设数量不断攀升，造成全国具备举行大型比赛条件的场馆已近6 000座的现状。各主要城市甚至城市内各区县争相建设大型场馆，并未于建设前针对赛事承办的本质属性进行充分论证，研究功能定位、容量分析、建设标准等根本内容，建成后又不知如何使用，成为普遍存在的问题。

另一方面，全民健身场馆的建设仍停留在理念层面，建设数量严重不足，道路公园、绿地广场成为百姓健身的主要场所。政府对于这类场馆的建设态度比较冷淡，一直没有将其正式纳入城市建设发展规划，更没有制定强制执行的法规。缺乏统一的建设标准和管理方法，造成全民健身场馆不仅数量少，而且建设规模和标准参差不齐。

其二，大型场馆的使用与场馆运营。国外大型体育场馆的运营主要依靠成熟的职业体育赛事体系和发达的体育产业，在欧美国家体育产业占GDP的比重为2%～3%，而中国仅为0.55%（2010年）。[1]一方面中国的体育产业发展尚不成熟，无法带动如此大量的公共体育场馆

表1 北京市某体育中心2013年度经营收入构成

场地类型	2013年度经营收入构成			
	场租	自主经营	房租	其他
体育场	5%	-	92%	3%
体育馆	46%	-	51%	3%
游泳馆	15%	61%	20%	4%
综合训练馆	43%	9%	41%	7%

表2 北京市某体育中心体育馆2013年举办大型活动情况

活动类型	天数	人数
体育比赛	9	7 200
演艺活动	72	66 300
社会活动	23	27 500
合计	104	101 000

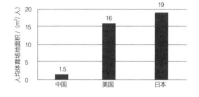
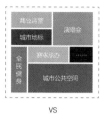

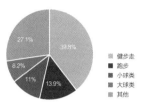
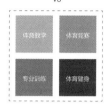

1　各国人均体育场地面积比较（m²/人）（图片来源：作者自绘）
2　中国居民主要健身方式（2013年）（图片来源：作者自绘）
3　体育建筑功能的混杂性与纯粹性（图片来源：作者自绘）

运营；另一方面中国体育产业缺少外部融合机制。这样的产业和市场特点导致中国大型体育场馆不可能依靠体育产业支撑，数量庞大的大型体育场馆必然面临赛后运营的问题。

由上文提及的北京市某体育中心的运营数据分析，体育场92%的收入由房租构成，意味着其为赛事提供的运营功能区、媒体功能区、运动员功能区等大量看台下的空间以办公、商业等为主要出租形式使用，以解决空间闲置问题，这是一种消极利用的方法。体育场馆的复杂结构、高能耗的大空间建设和运营成本是办公、商业等常规建筑空间的一倍甚至几倍，如果建设相同容量的商场或办公楼，功能单一，空间利用效率更高，使用更合理，投资更经济。因此，通过房租维系大型体育场馆运营的方式不尽合理。

另外，为赛事而建的体育场馆中大量的竞赛空间对于全民健身来讲是"过剩"的功能和空间，无法得到充分使用。转播设施、技术设备在平时没有用武之地，通常被束之高阁，技术在不断进步，几年下来这些设施就会被淘汰。国家体育场自建成后仅用于2008年奥运会，其后未再承接过重大国际田径比赛。目前跑道已破损老化，2015年世界田径锦标赛，需要二次投资重新翻建。

由此可见，大型体育场馆建成后仅仅将空间利用起来，不考虑空间的使用效率、使用价值以及使用投入方式而进行运营并不值得提倡，这只是对空间的消极利用而非正常运营，是无奈之举。大型赛事场馆如果建成后不能继续为赛事服务，将是极大的浪费。

四、回归体育建筑本原设计

体育建筑承载了过多"非体育"的内容，而大众的体育锻炼需求却存在巨大的缺口，是时候停下盲目建设的节奏重新思考体育建筑存在的意义了。作为建筑师，我们也应该重新思考回归体育建筑本原的设计。

1. 功能的纯粹性

最初的体育建筑起源于古希腊，为了满足竞技比赛和观演需求而建。奥运场馆建筑作为竞技体育建筑的代表具有地标性，往往被视为体育建筑的代名词。然而，这些地标性建筑并非体育建筑的全部内涵。追本溯源，体育是人类遵循人体的生长发育规律和身体的活动规律，通过身体锻炼、技术训练、竞技比赛等方式达到以增强体质、提高运动技术水平、丰富文化生活为目的的社会活动。我们对于体育概念的认知经历了从"英雄主义"到"全民健身"再到"培养人格"的过程。随着对体育内涵的深入理解，从物质投入到政策引导，我们对体育的重视程度达到前所未有的高度。概念上体育的本原包括专业的竞技体育和大众的普及体育，因此体育建筑也就有为专业训练、比赛服务的场馆和为大众健身服务的场馆，[2]两者具有截然不同的建筑特征。

体育建筑是作为体育教育、竞技运动、身体锻炼和体育娱乐等活动之用的建筑；功能类型上分为体育竞赛、体育健身、体育教学、专业训练四大类，相应的体育建筑可以相互利用，但侧重点不同。在体育建筑资源紧缺的现状下，回归体育建筑本原的设计首先应强调功能的纯粹性（图3）。

2. 差异化处理

（1）竞技体育

竞技体育建筑为赛事而建，一方面可以为体育产业带来直接的经济效益，另一方面能够以产业链的形式拉动餐饮、酒店、房地产等产业发展，进而在一定程度上促进区域发展，提升城市的实力和影响力。美国斯台普斯中心（the Staples Center）位于洛杉矶市中心，1999年10月17日正式落成开放，总耗资3.75亿美元，拥有者是AEG公司。通过对斯台普斯中心官网发布的数据分析，2014年9月1日至2015年4月15日共计227天内，中心举办赛事活动139次，共计132天，使用率达到58.14%；132天的活动中，122天为体育比赛，占92.42%，其中举办NBA篮球赛80天、冰球赛42天，分别占60.6%和31.8%。作为世界体育和娱乐中心，从10月开始进入NBA常规赛季的斯台普斯中心达到了平均2天1次的赛事频率，高峰期出现每天两场比赛的高使用

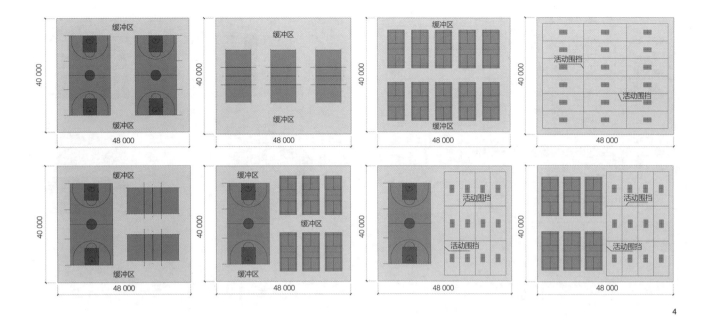

4

率。美国发达的体育产业和市场化运营模式保证了该中心成为体育界的一块福地，尽管国情不同、市场环境差异较大，其作为竞技型体育建筑运营与使用的经验仍值得我们借鉴与思考，既充分发挥其专业性观演的本质，又以举办体育赛事为主要的使用状态。这也启示我们，竞技型体育建筑因其本质为专业性观演，其最大特征在于赛事组织、看台规模、广告、转播和赞助商等专业性要求。

针对中国体育场馆的建设，赛事本身是一种稀缺资源，首先需要控制以体育赛事为名兴建大型体育场馆的数量，做到整体平衡、量入为出、定位清晰、避免浪费；体育赛事主管部门应综合全国竞赛资源，在全国范围进行赛事规划布局，确定赛事举办类型、次数和频率。各竞赛场馆在规划建设之初应向体育主管部门申请立项，得到审批后方可建设，以保证场馆建成后有一定数量的赛事安排，通过举办体育赛事达到场馆运营基本平衡，否则不得兴建。其次，参考借鉴西方发达国家体育产业运营模式，将更多权力下放，进而激发民营企业参与体育产业，达到振兴和发展中国体育产业的目的。鼓励民营企业举办赛事，通过产业拉动实现体育建筑的健康发展。最后，竞技型体育建筑要求建筑师要遵循严格且专业的标准进行体育专项设计。斯台普斯中心的定位明确，虽然功能广泛，但核心功能是篮球，因此，场地、看台等严格按照篮球专业场馆标准设计，在3层看台的每一个角落都能清晰地观看比赛。这是建筑师需要关注的。

（2）体育教学和体育健身

《"十二五"公共体育设施建设指导手册（试行）》中将小型和中型全民健身活动中心设计定位为"能够开展多项群众性体育活动、不设置固定看台的综合性室内健身馆"，分别控制服务人群为3万～5

万人（建筑面积2 000 m²）和5万～10万人（建筑面积4 000 m²）；设定40 m×24 m和48 m×40 m的综合运动场地以满足不同运动项目的不同布置可能及组合的变化性（图4），[3]但针对其他类型的全民健身型体育场馆及学校体育建筑的标准控制和适应性研究尚属空白，需要我们从政策和设计两个层面进行完善和推进。

体育教学和体育健身类场馆建设可从三个维度考虑。首先，从城市规划维度实现资源合理配置，科学制定建筑设施的数量、规模、定位标准。学校体育建筑应基于学校规划建设要求，满足特定的体育教学任务要求，通过量化控制确定规模；社区体育建筑需考虑服务半径、服务人口；条件允许时二者可以资源共享。其次，从综合运营成本维度实现效率最大化。大众体育建筑现缺乏统一设计、建设标准，需研究制定，如以标准篮球场地作为当量确定建筑规模，空间设计灵活，满足不同使用模式下场地划分的弹性，并根据不同使用情况考虑举办小型比赛的活动座位布置方式和数量；建筑空间设计应考虑建造的经济性、造型的合理性和物理环境的舒适性，以实用为上，控制造价，避免奢华。最后，从使用者维度实现配套设施方便合理，通过合理的规划和设计，以充足的资源和合理的收费标准满足大众运动需求。

（3）综合性体育场馆

针对综合定位的体育场馆，如以体育功能为主结合文化、商业、餐饮服务等其他业态的城市综合体建筑，其建设将有助于联动发展，带动经济和区域活力，一般城市开发企业愿意投资建设。2011年建成的深圳湾体育中心融合了从创意、建设到运营的独特性和经营的可持续性，值得借鉴学习。深圳湾体育中心位于深圳市南山后海中心区

4 48 m×40 m 综合场地布置可能性示意 [图片来源：《"十二五"公共体育设施建设指导手册（试行）》]

东北角，是第26届世界大学生夏季运动会会场之一，也是开、闭幕式场地，项目针对中国体育产业背景综合设计赛后运营潜力，定位为"体育商业综合体"，以体育健身、休闲商业和活动开发为三大功能版块。作为中国第一个由房地产商投资兴建的体育场馆，强调赛后运营发展的可持续性，在不影响体育功能的前提下增大运营面积，形成完整、连续的商业开发，同时作为中国第一个"三馆一体"的体育场馆（体育场、游泳馆、体育馆），对体育功能模块协同设置、资源共享，增加了吸引力。项目以体育公园为主要概念设置公共开放空间，形成体育、商业、文化、教育、休闲一体化的体育中心。

深圳湾体育中心通过作为世界大学生夏季运动会开、闭幕式场馆形成广告效应，在会后立即对外开放，迎来大量观光游客和健身活动人群，通过丰富的演艺活动、繁荣的商业、舒适的大众健身设施，实现场馆活动的爆满，使刚建成的体育中心火爆起来，大大缩短了市场培育期。项目通过前期准确的市场定位、成功的市场化运作、精细化的经营管理，破解了体育场馆赛后亏损的难题。2012年体育中心营收1亿元人民币，其中场租、商户租金和大众健身各占三成。场租部分，2012年商演47场、体育赛事18场、活动发布15场，活动总计80场，服务超过300万人，举办活动数量占深圳全市总量的90%。商户租金部分，来自40家出租商铺和自营木棉花酒店，2012年商铺出租率100%，开业率90%，主营亲子教育、外语培训和特色餐饮，自营酒店平均入住率90%。大众健身部分，提供篮球、足球、羽毛球、网球和游泳项目，价格亲民，2013年会员数达1万人。深圳湾体育中心作为因大运会而生的体育场馆，并非定位为竞赛型体育建筑，而是针对中国国情定位为标志性综合体项目，采用了政企合作的创新模式，堪称当下体育建筑的成功运营典范。

借鉴深圳湾体育中心的成功经验，综合性体育场馆应结合赛事观演和大众健身功能，允许商业、文化等功能的植入。这类场馆在规划建设时首先需要明确非竞赛空间与竞赛空间之间的关系，控制体育场地类型和看台规模；其次，从建筑角度严格区分体育场馆空间与休闲商业餐饮等空间的功能划分及比例关系，避免不合理的功能复合。

深圳湾体育中心的成功给我们带来启示，在城市体育用地周边应相应配置商业、办公等用地，避免由于城市用地功能的单一性而限制了体育建筑的运营发展，定位准确的体育中心建设将会提高城市品质、繁荣城市生活。

五、结语

面对市场需求，体育建筑从设计、运营到使用的全过程中，每个环节都至关重要。而中国体育建筑在出现问题时大多从运营与使用的角度采取补救措施，国家从政策上设置体育场馆公共服务专项补助资金，倡导场馆免费或低收费，向社会大众开放，并引导场馆自主运营、承办大型商业活动等，对于个案取得了一定的成效，但非根本之策；开发建设部门应该根据区位特点着力研究各功能的比例关系，科学定位、确定建设内容。这是建设前期策划的论证重点。

政府应做到不论何种类型的体育建筑都需以市场为导向审慎定位，从源头上面对市场进行使用需求的量化分析，进而明确规划布局、功能定位并确定经济合理的投资方案；在明确定位的基础上综合

思考体育建筑的综合性与纯粹性、营利性与公益性等矛盾关系，制定适宜的策略；在政策层面给予规范化的政策支持。

建筑师首先需提升专业水平、摒除造型主义的风气，以体育功能为根本，坚持精细化、专业化的设计之路；其次从设计与实践出发，积极探索体育建筑可持续利用的模式，以适应多样化的使用需求。体育建筑的问题需由政府部门、城市规划师、建筑师等各方共同解决，建筑师在做好专业设计的同时更要适应从被动设计到主动参与的角色定位的转变：宏观层面，对体育用地周边应具备或配备的住宅、商业用地的比例予以控制；中观层面，对综合体育场馆中体育、商业、餐饮等业态类型及比重的构成合理定位；微观层面，对不同性质体育建筑的规范、标准的制定承担相应的责任，并应主动争取更大的话语权。

参考文献

[1] 慈鑫. 一个朝阳产业在中国的发展困境 [N]. 中国青年报, 2013-12-29（3）.

[2] 庄惟敏, 苏实. 策划体育建筑——"后奥运时代"的体育建筑设计策划 [J]. 新建筑, 2010（4）: 12-15.

[3] 国家发展改革委, 国家体育总局. "十二五"公共体育设施建设指导手册 [EB/OL]. （2012-07-19）[2014-09-01]. http://www.sport.gov.cn/n16/n33193/n33208/n33448/n33793/3425606.html.

作者简介

陈晓民　北京市建筑设计研究院副总建筑师，BSD 所所长

李　冰　浙江大学建筑工程学院硕士研究生

ARCHITECTURAL PROGRAMMING FOR SPORTS FACILITIES
体育建筑策划研究

钱锋　程剑 | Qian Feng　Cheng Jian

一、我国体育建筑的发展

我国体育建筑的发展，一方面得益于国家经济的发展，另一方面也受各种体育赛事的推动。中华人民共和国成立十周年之际，为了展现新中国的形象，具有象征意义的"建国十大建筑"应运而生，北京工人体育场就是其中一例，占地约35 hm²，建筑面积达到8万 m²，拥有64 000个座位，整体采用混凝土框架混合结构，成为当时中国体育建筑的代表作。1990年，第11届亚运会在北京成功举办，这也是中国首次举办综合性的国际大型体育赛事，从而拉开了中国体育建筑快速建设的序幕，北京奥体中心英东游泳馆、石景山体育馆、朝阳体育馆等一大批优秀体育建筑集中在北京亮相。大型赛事的举办成为体育建筑建设与发展的催化剂，促进了体育建筑设计及理论的迅速发展。自20世纪90年代起，体育建筑进入了蓬勃发展时期，上海体育场、卢湾体育馆等成为这一时期的代表作品。与此同时，中国也开始了长达10年的申奥之路，2001年北京成功获得了2008年奥运会的举办权，也让中国的体育建筑发展水平和设计水平迈上了一个新台阶，并开启了体育建筑发展的新阶段。由此开始，国内的体育建筑设计及理论有更多的机会与国际先进水平一较高下，一大批落成的体育建筑在展现中国建筑文化的同时，也体现了建筑建造技术的发展和建筑设计水平的进步。[1]

体育建筑的快速发展为设计提供了广阔的发展空间，但实际的设计实践也反映出了很多问题，涉及美学、经济、社会、环境等不同领域。体育建筑的需求与供给矛盾开始显现，一方面大众体育消费文化的兴起对体育建筑的需求日益旺盛，另一方面则出现体育场馆迫于经营压力而普遍闲置的现象，有些场馆甚至在长久失修的情况下业已荒废。作为城市中的重要建筑节点，体育建筑的建设与运营具有明显的城市效应，刺激和鼓励着城市一隅的发展，缘何造成如此窘境？从根本上来讲，是由于建筑从立项到运营的整个过程中建筑策划的不足甚至缺失。

二、建筑策划与体育建筑策划

国外的建筑策划活动始于第二次世界大战以后，为了使大规模的城市重建和修复工程达到"低投入、高效益"的目的，建筑策划与可行性研究工作开始在城市管理者、规划者和建筑师当中逐渐展开。建筑策划的理论建设始于20世纪60年代，关于建筑策划的专著主要集中于20世纪80年代后半期和90年代，其中以威廉·佩纳（William M. Pena）为主要代表人物的问题搜寻法及相关理论开始成为建筑策划

发展的主要源头。[2]与此同时，伴随着计算机技术的迅猛发展，以及个人计算机和互联网的迅速普及，建筑策划的计算机工具也得到了长足的发展，诸如K-12专家系统（K-12 Expert System）（1989年）、SARA设施发展系统（SARA Facilities Development System）（1994年）、SEED专业化团队（SEED Pro Team）（1995年）等软件在问卷生成、数据分析、平衡预算、生成报告及平面生成等方面都有了很大的突破，能够实现交互式的文件传输与生成工作。当然，建筑策划的根本问题还需要引入特定的环境判断和特定的建筑需求，而不能仅仅依赖参数化的计算结果，所以，软件的进步促进了建筑策划的快速发展，但是不能简单地替代现有的策划工作。我国建筑策划系统性的研究始于20世纪90年代初期，[3]并在实践中得到了长足的拓展，涉及住宅、学校、办公、体育等不同类型的建筑策划理论。

体育建筑策划是建筑策划在体育建筑设计过程中的实际应用，所以基本的方法流程和操作模式仍属于建筑策划的理论范畴。但是，体育建筑在功能、结构、规模以及社会方面的特殊性导致体育建筑的策划有别于普通的商业或者住宅等建筑，体育建筑策划的目标是让体育建筑在全生命周期内能够更好地服务于公众，能够实现体育建筑的价值最大化，成为城市发展和社会进步的推进力，并最终实现建筑的可持续。故而其侧重点在于功能、环境、空间、表现四个方面，[4]主要目标为功能适应性、环境友好性、空间灵活性和表现合理性。

三、体育建筑策划的要素与框架

体育建筑策划的基本要素与建设目的、使用方式有着必然的联系，根据其建筑特征和使用特征可以将基本要素归纳为城市意识、建设目的、规模设定、功能定位、形象定位、能源策略、投资运营七个方面。

建筑作为城市中的物质载体，必然与城市发生千丝万缕的联系，不仅仅有自身的建筑意识，同时也会承载特有的城市意识，反映不同的城市文化和特色。[5]既然具有对应的城市意识，必然有着与之对应的建设目的：为了体育赛事而建还是为了全民健身而建？是作为城市级别的体育活动中心还是区域级别的体育活动中心？这些是建筑策划初期首先要明确的问题。此外，建筑内部的功能架构如何组织、内部流线与功能组合怎么安排，是体育建筑内部所需要处理的问题。体育建筑的形态特征及其在使用运营过程中的能源消耗反映着建筑的形象定位，影响着建筑的运营维护成本及可持续性，是体育建筑策划的重要

部分。[6]除了这些基本的要素之外，体育建筑策划还有一个要素贯穿始终——建筑的投资运营与发展，这一要素从初期的成本测算到后期的运营维护以至拆除等，从经济性和社会性两个层面展现了体育建筑策划的社会效应（表1）。[7]

表1 体育建筑策划的内容及要素[8]

策划阶段	要素界定	策划概念	概念预评价	策划成果
主要因素	城市意识	协调、标新立异、城市核心、新区动力	是否满足城市需求及城市文脉	策划报告、任务书、研究报告、设计依据性文件等
	建设目的	为赛事、为大众体育、为校园建设等	符合建筑全生命周期中的主要目的	
	规模设定	依据规范标准、依据赛事要求、依据城市发展等	满足需求的同时不浪费	
	功能定位	单一性体育功能、多元化体育功能、复合型设施等	以体育为主、与其他功能互补	
	形象定位	历史印记的、纯现代的、地域性的等	符合城市文脉	
	能源策略	节能高效、新能源等	投入效益最大化	
	投资运营	节约成本、提高效益	经济型最优化	

在对体育建筑策划的基本内容及其要素进行总结归类之后，能够清晰地得出体育建筑策划的基本操作流程。建筑策划分为"四步走"：第一步，解决体育建筑的定位问题，从其建设目的、选址、规模及功能设定到建筑表现和结构选择，都需要合理定位，从经济性、社会性和价值体现等方面寻找最优化的解决方案；第二步，根据核心问题寻找合适的解决方案，提出相应的策划概念；第三步，概念预评与分析比较，生成完整的策划成果，诸如策划报告、可行性研究报告、设计大纲、任务书、设计要求等；第四步，建立建筑使用后评价及反馈机制。

四、体育建筑策划的意义

1. 赛后利用

国际奥委会前主席雅克·罗格曾说："大家总想修建宏大而昂贵的建筑。但是，我们应该仔细考虑一下，能否把比赛场地修建得恰如其分，在赛后仍能使用。"

奥运会作为全球性的体育盛会，一方面需要展现国家的经济实力和建设水平，另一方面则是要展示国家的发展方向和民族精神。也正因为如此，奥运会成为很多国家大型体育建筑批量建设的动力之一，与之相伴的还有众多训练馆、住宿设施、餐饮设施等配套建筑建设。但是，比赛一旦结束，大量高标准场馆则陷入"两难"境地：开放为大众所用，需要高昂的维护费用和运营费用；闭馆则只能让建筑成为奥运会记忆的一个片段，成为城市中的一座"雕塑"。不论哪种选择都会让奥运场馆成为资源浪费的"大户"，而有关赛后利用的研究则是为了解决这一难题而产生的第三条道路。赛后利用，从本质上来讲，是建筑建设定位及后期运营的内容，通过有效的策划分析，能够准确、有效地提高体育建筑赛时和赛后的使用效率。[9]

2. 体育建筑方案评价

在体育建筑策划的过程中，对建筑的选址、功能、形态和能源都进行了明确界定，并提出了相应的策划原则和评价方法，总结了建筑的"策划概念"。策划概念一方面为建筑设计提供指导和依据，另一

方面则是提出建筑设计的控制条件。建筑设计是一个开放思维的过程，也是一个循环修正的过程，通过对建筑设计各要素的仔细斟酌，形成的设计方案需要有一定的标准来衡量其好坏。[10]由于建筑策划是一个综合性的过程，其中包含了社会、建设者、公众等不同的利益团体或者个体的想法，是一个全面反映建筑需求的过程。建筑策划的"策划概念"自然能够成为建筑设计方案评价的标尺之一，通过将建筑方案中的不同项目与"策划概念"进行比对，得出最符合各方需求的建筑方案优选项。

3. 体育建筑运营指导

建筑的投资与运营虽是建筑策划中的一部分，实则贯穿于建筑策划的其他要素当中，目的是在保证建筑逐步实现可持续发展的同时提高建筑的经济效益和运营效率。在建筑中设置弹性空间以及将商业、观演等不同功能纳入体育建筑的功能体系当中，能够有效地指导建筑的运营与维护，根据社会和公众对建筑所提出的新需求，转换建筑功能构成，提高建筑的空间活力和适应性，从而减少建筑使用上的"空窗期"。

参考文献

[1] 梅季魁. 中国体育建筑发展特点概说 [J]. 建筑技术及设计，2004（8）：32-33.
[2] 佩纳，帕歇尔. 建筑项目策划指导手册：问题探查 [M]. 王晓京，译. 北京：中国建筑工业出版社，2010.
[3] 庄惟敏. 建筑策划导论 [M]. 北京：中国水利水电出版社，2000.
[4] 孙一民. 回归基本点：体育建筑设计的理性原则——中国农业大学体育馆设计 [J]. 建筑学报，2007（12）：26-31.
[5] 汪奋强，孙一民. 基于城市的体育建筑设计 [J]. 建筑学报，1999（6）：63-64.
[6] HERSHERBER R G. Architectural Programming and Predesign Manager[M]. Beijing: China Architecture & Building Press, 2005.
[7] 罗鹏，梅季魁. 大型体育场馆动态适应性设计框架研究 [J]. 建筑学报，2006（5）：61-63.
[8] 侯叶，杜庆. 体育建筑与城市发展的适应性策略研究 [J]. 华中建筑，2014（9）：7-12.
[9] 庄惟敏，苏实. 策划体育建筑——"后奥运时代"的体育建筑设计策划 [J]. 新建筑，2010（4）：12-15.
[10] CHERRY E. Programming for Design from Theory to Practice[M]. Beijing: China Architecture & Building Press, 2006.

作者简介

钱锋 同济大学建筑与城市规划学院教授，高密度人居环境生态与节能教育部重点实验室主任
程剑 同济大学建筑与城市规划学院博士研究生

BIG VENUES, SMALL DETAILS: VENUE DESIGN FOCUS ON EVENTS

大场馆　小细节
——围绕事件的体育场馆设计

吕强　向雪琪　贺海龙 | Lü Qiang　Xiang Xueqi　He Hailong

一、中国体育场馆运营现状

中国似乎不缺赛事。电视里总能看到诸如奥运会、全运会、省运会、青运会、城运会、大运会、农运会、东亚运动会，国内足球、篮球、乒乓球、羽毛球等联赛，世界各级网球联赛等各种大大小小的赛事。

中国似乎也不缺场馆。除了西部少数的几个省、自治区之外，各省均有省级体育中心（包括6万座体育场），经济条件较好的省份甚至二线城市也有体育中心（包括4万座体育场）。

但是，几乎所有人都在寻求场馆的生存之道。虽然赛事众多，但是要让中国200多个体育中心都能够维持正常运转，单凭赛事仍是杯水车薪。赛事的竞办很激烈，水平较高且运作成熟的赛事很少，远不足以满足场馆们饥饿的"胃口"，大部分场馆综合利用不足，只能作为巨型雕塑孤零零地立在城市中，背离了建设体育建筑的初衷和价值。

二、场馆设计、运营模式分析

中国目前体育场馆建设均属于政府投资行为。在这种模式下，场馆的设计均从竞赛需求出发，严格遵守相关的设计规范以及案例进行功能及设施布局，虽然造型各异，但其内部功能设计大同小异，相对模式化；举办完赛事之后，引入运营方或者交给体育局管理，然后进行局部改造、招租，基本围绕着场地出租、招租商铺的模式进行运营，偶尔引入一些演唱会等事件。

运营比较成功的2008年北京奥运会场馆——五棵松篮球馆，已经发展成为集办公、购物、冰雪世界、室外体育公园于一体的场馆群，并且于2011年更名为万事达中心，成为国内首个获得冠名的奥运会场馆（图1）。其场馆群的年活动场次也从2009年的20次发展到2014年的200次左右。举办的活动中，音乐类占58%，体育赛事占14%，会展、公司活动等占28%。2014年北京的大型公开活动（5 000～15 000人）在万事达中心举办的占52%，2014年的场馆群收入中55%来自赞助商①。

这是一个典型的围绕"事件"而不是围绕"空间"进行的场馆运营。"事件"需要什么，场馆就提供什么，这与国外大部分场馆的运营思路高度吻合。

从2013年开始，PPP模式（public-private partnership）开始高频率地出现在人们面前，传统的场馆建设模式也开始转变。我们目前正在进行的一个项目就是如此，活动提供方、投资方、设计方、运营管理方在项目一开始就形成联合体，从项目的地块挑选到场馆的内部功能设计，从前期投入到运营产出，一切的决策均围绕"事件"需求展开，以创造最佳的、最独特的观众感受为目标，以每一平方米土地的充分运营为结果，不强调投入最少，而是注重投入产出比。在这种工作模式下，设计方需要思考的不仅仅是规范和造型，更重要的是有机整合所有的需求，从土地的红线开始，围绕"事件"，以满足"事件"需求为目标完成设计工作。

三、事件的需求分析

1. 加高的视线——让观众看得更清楚

为了让观众看得更清楚，纽约麦迪逊广场花园的座席（图2）安排为六个层次。第一个层次是仅供篮球比赛和音乐会的座席，位于"场地"或"场边"；第二个层次是包厢座席；第三个层次和第四个层次是100级和200级的板凳席；第五个层次和第六个层次是300级、400级的或夹层座席。以上不同层次座席除包厢外，分别用红、橙、黄、绿、蓝不同色彩进行标识。曲棍球比赛时，提供18 200个座席；篮球比赛时提供19 763个座席；音乐会时，整个舞台有1 949 m²，提供正面座席19 522个。

麦迪逊广场花园每排座席之间的落差相比北美地区其他场馆更大，给观众提供了更好的观赏视线，即便坐在身材高大的观众后排时也能拥有良好的视野。这种匠心独具的安排，相比座席距场地中央高差低的场馆有着显著优势。

2. 可移动观众席——适应不同的比赛

为了更好地适应不同的比赛，悉尼奥林匹克体育场（图3）的部分下层观众席采用了可移动设计，橄榄球比赛时，将观众看台沿轨道向场内移动，大大提升了观赛氛围。

为了实现充分运营（包括大型赛事和日常使用）的目标，场馆必须保持机动性与灵活性。

3. 高清环绕显示屏——让观众了解更多

为了让观众了解更多的信息，麦迪逊广场花园增设了由24个独立高清LED显示屏组成的全新数字网络，与球场本身的圆形设计相融合，观众可由此了解比赛中的更多细节。记分牌则被设定在LED显示

1　　　　　　　　　　　　　　　　2　　　　　　　　　　　　　3

1　北京万事达中心 [图片来源：
　华熙国际（北京）五棵松场
　馆运营管理有限公司]
2　纽约麦迪逊广场花园座席安
　排为六个层次 [图片来源：
　http://www.fjsen.com/p/2012-
　05/25/content_8462767_5.
　htm]
3　悉尼奥林匹克体育场部分
　下层观众席采用可移动设
　计（作者拍摄）

屏的底部，方便那些座位比较低的观众。

　　四个主要的数字大屏的大小是4.8 m高、8.5 m宽，其上是四个
2 m高、8.8 m宽的辅助视频显示器。视频显示器既可以作为一个环形
屏幕，在线直播或即时回放，又可以分作单独的屏幕，播报实时的数
据统计，或展示营销伙伴和即将发生事件的信息。多媒体信息系统的
灵活性和内容选择为球场屏幕的作用发挥提供了无穷的可能性。

　　4．比赛场地多功能设计——实现比赛场地的充分运营

　　麦迪逊广场花园的场地可以在篮球场、网球场和冰球场之间进行
转换，以实现更充分的场地利用。篮球场地的拼木地板下垫着一层厚
厚的塑料状特殊隔热层，在它的下面，是约25 mm厚（1英寸）的人
造冰面。由于铺人造冰的成本很高且耗时长（约18 h），因此，冰面
通常会保持一整个赛季。篮球比赛时，隔热层会保证最上层的拼木地
板完全不受冰层的影响；比赛结束观众离场后，工作人员移除场地边
的临时座椅和活动座席，按照冰球场地的设置，重新调整底层座席。
由于冰层对举办室内网球比赛有影响，因此在举办网球比赛时需要将
地下冰层完全融化。这个多功能设计使麦迪逊广场花园提高了设施的
利用率，达到充分运营的效果。[1]

　　与之相似，为了满足举办演唱会的声学以及视觉要求，墨尔本的
Rod Laver网球馆顶棚增加了幕布的安装轨道（图4）。

　　还有一项技术也极大地增强了体育场馆场地功能的可变性——移
动草坪。移动草坪系统又称为"ITM系统"，十几年前起源于美国。
2008年北京奥运会国家体育场"鸟巢"也采用了这项技术（图5）。
该技术主要是将草坪以模块的形式进行组装，"鸟巢"使用的草坪共
7 811 m²，由5 460块1.159 m × 1.159 m的模块组成，每个模块高
300 mm（其中盒子高220 mm，草坪高80 mm）[2]。2008年北京奥运
会开幕式实现场地转换耗时仅24 h。[2]

　　5．可开启屋盖——适应热带气候

　　新加坡体育中心，考虑到当地经常出现的闷热天气，采用了活动
式顶盖，2014年落成后成为世界上最大跨度的开放式圆顶建筑（图
6）。众所周知，体量巨大的体育场增加可开启屋盖会极大地提高场
馆建设投资和运营成本，但是为了保证"事件"中观众有更好的观看
体验，这样的投资被认为是合理的。

　　6．亲民的沿街立面——与城市更好地交流

　　国内场馆造型多强调整体性和纪念性，力求立面的连续、完整，

基本上是以整个钢结构外壳包裹内部的钢筋混凝土结构。而国外场馆
多要求大跨度的比赛厅之外的空间均为常规跨度，注重建筑沿街面与
城市的关系，通过对立面的处理来削弱建筑的体量感。

　　位于奥兰多市的安利中心球馆最外部的休息厅空间与城市道路及
城市公共空间密切联系，形成了良好的城市界面，使其中布置的大量
服务及商业功能都能与城市直接沟通，有利于其独立于比赛厅运营。

　　球馆立面玻璃和金属材料的组合，则以现代的形象达成建筑与城
市、与街道的融合。[3]

　　7．人性化休憩设施

　　大型体育场馆室外为了保证观众的聚集和疏散，通常设置尺度较
大的广场和交通路径，但出于安全角度考虑，遮阳设施较少。露天看
台或者室外等候空间设置喷雾降温装置，会大大提高观众在夏季观赛
的舒适度和停留时间。

　　永久或临时设置的室外观众休息区同样不可或缺。美国网球公开
赛的举办地纽约国家网球中心就有一处划定的观众休息区，人们可以
在此交流和休憩。

　　座椅同样关键。一把能够存放饮料的座椅（图7），可以使观众
腾开双手鼓掌或加油，远比手上拿着一个瓶子舒适。而这却并不会增
加投资。

　　类似图8中的防碰撞措施，在国内是很少见的。设计师往往认为
美观高于安全，但在国外，恰恰不然。

　　四、对中国体育场馆设计的思考

　　国外的场馆设计中，可以看到很多围绕"事件"而进行的相关设
计细节，而在中国却很少见，即便这些措施并不是很复杂。

　　目前国内大多数场馆设计基于赛事的需求，在投资方的指挥下
完成，但恰恰缺少了最重要的未来运营方的参与。这种忽略了后期运
营收益的造价节约的设计建设，使得场馆仅能进行常规事件组织、采
取简单出租的运营模式，导致场馆运营方式单一、利用率低的现实情
况，间接形成对前期投资的巨大浪费。

　　如果在广场上稍微增加投资，适当设计喷雾降温系统，营造良好
的微环境，能够促进更多室外"事件"的发生，那么由此带来的效益
提升是显而易见的。在香港的迪斯尼乐园有一片略具规模的室外戏水
广场，无论成年人还是儿童，都乐此不疲地穿梭于看上去很简单的各

式喷泉中，浑身湿透也无所谓，而休息、观看的人群则不时报以善意的笑声，并不复杂的设计却实现了场地与人群之间的良好互动。

我们还可以大胆地想象，假如在体育场馆的场地上空设计一个可以自由升降的玻璃包厢，沿着特定的轨道和周期运动，为人们提供多角度、多位置的观看体验，是否可以创造更高的场馆价值呢？是否可以有我们意想不到的"事件"发生呢？

当然，天马行空的想象需要以可行的研究为基础，在分析使用者行为和心理的基础上，更需要成熟的投资方和运营方介入。中国目前的体育产业发展尚处在初级阶段，大部分的体育建筑都归属国有，需要国家投入大量经费来建设和维护。而在欧美发达国家，体育产业已经是一个非常庞大的经济产业，能够带动大量周边产业的发展，在整个国家经济中都占有相当大的比重。美国的体育建筑和设施需要在市场经济环境下自负盈亏，国家并不拥有这些体育建筑和设施，也无须为其建造和运营维护投入资金，这是值得我们借鉴之处。只有做到体育建筑和体育设施的市场化、社区化，才能充分地发挥其服务功能并形成良性循环。

在美国和欧洲国家，多数体育设施已呈现越来越民营化的趋势。经营公共体育场馆或体育赛事的私人企业也开始雇请专业的公司对体育设施进行运营管理，他们有能力使场馆设施的运营与当地政治隔离开来，使体育场馆从设计、建造、采购到运营都有更充分的自由空间，从而提高体育场馆的经济效益并发挥它对社会的价值。

这些成功的体育场馆运营案例在一定程度上能够代表当前国际先进的设计水平，反映出体育场馆设计运营的发展趋势。从这种运作方式所产生的社会效益来看，有利于拓宽国内同行的视野并提高设计水平。同时，我们也应理性地认识到，体育场馆的运营需要与整个国家或地区的体育产业挂钩，只有合理选择自身所需要的商业环境，才能适应发展的需要。因此，有必要加强分析这些成功的体育场馆运营案例中出现的设计创意、体育工艺及运营模式，探讨适合社会发展需要的设计思想。

注释

①数据源自 2015 年上海亚洲体育建筑场馆设计与技术高峰论坛中，华熙国际（北京）五棵松场馆运营管理有限公司的报告——《五棵松场馆运营管理与创新》。

②引自和讯网《鸟巢"模块式移动"草坪的技术含量》一文，详见：http://news.hexun.com/2008-07-25/107691932.html。

参考文献

[1] 沅心. 麦迪逊广场花园：场馆中的麦加圣地 [J]. 环球体育市场，2010（2）：36-37.

[2] 程车智. 后期运营理念指导下的中小型体育中心设计策略研究 [D]. 合肥：合肥工业大学，2013.

[3] 宗轩，田玉龙. 基于持续运营视角的大型体育馆休息厅空间设计研究 [J]. 城市建筑，2013（17）：40-41.

作者简介

吕　强　CCDI 悉地国际设计集团设计副总裁，高级建筑师

向雪琪　CCDI 悉地国际设计集团建筑师

贺海龙　CCDI 悉地国际设计集团高级设计总监

4　墨尔本 Rod Laver 网球馆的幕布一角（作者拍摄）
5　铺设中的"鸟巢"体育场草坪（图片来源：http://www.hn.xinhuanet.com/jdwt/2008-08/12/xin_5030805120829453236665.jpg））
6　新加坡体育中心为适应闷热天气采用活动式顶盖（图片来源：http://mp.weixin.qq.com/s?__biz=MjM5MTU4NDc4MQ==&mid=200342936&idx=1&sn=01ef28cd82e02c7bb3612007abe13922）
7　能存放饮料的座椅（作者拍摄）
8　体育场馆防碰撞措施（作者拍摄）

KEY TECHNOLOGY RESEARCHING TO THE PERFORMANCE DIRECTION OF SPORTS ARCHITECTURAL SPACE

体育建筑空间观演化方向的关键技术探索

杨凯　赵晨｜Yang Kai　Zhao Chen

体育运动，是人类精神的需求。　　　　　　——纳尔逊·曼德拉

Sports has the power to change the world. It has the power to unite people in a way that little else does.

——Nelson Mandela

随着奥林匹克体育精神的传播和体育事业的蓬勃发展，奥运火炬的光环点亮一个又一个城市、地区甚至国家。毫无疑问，体育运动对现代城市发展的影响正在通过不同级别的体育赛事得到体现。同时，大型体育中心和体育场馆已经成为城市及地区的重要公共设施，一方面影响着城市的规划和设计，另一方面也成为城市发展的基石，代表着城市的形象。

建筑师正在通过体育建筑界定或者重新界定区域，通过体育场馆来传达建筑发展的讯息，它将超越建筑本身所在的社区，从而影响到更广的范围。随着2008年北京奥运会的举办，场馆"瘦身"、建筑可持续发展以及场馆赛后运营受到越来越多的关注，那么，体育建筑空间利用的关键技术及未来发展，将何去何从？

一、研究背景

1. 奥运促动下的体育建筑发展

从1974年第一次全国体育运动场地普查开始，中国的体育建筑建设事业发展加快；到1990年北京亚运会之前，体育场馆的设计技术逐渐成熟，开始涉及一些特殊要求的项目（如自行车赛），主要由国内设计院及建筑师主持完成，以满足体育竞赛工艺要求为主要目标；从北京亚运会开始，中国进入新一轮的体育场馆建设潮，特别是在2001年北京成功申办到2008年奥运会主办权之后，体育事业更是蓬勃发展，国内各大城市相继承办了一系列大型体育赛事，如奥运会、亚运会、世界大学生运动会、世界游泳锦标赛、F1方程式赛车、NBA季前赛、ATP大师杯网球赛……体育建筑及场地设施类型得到拓展和丰富。要想发挥这些场地设施的优势，做好大型体育场馆的运营管理是基础和前提。

同时，自国务院在2009年批准将8月8日定为"全民健身日"以来，全民健身运动也迅猛发展，全国体育系统内的752个大型体育场馆在2008年至2010年间，共举办各类全民健身和体育赛事活动近1.7万次，励志教育、慈善活动、安全教育、公益展览、科普教育等社会公益活动9 400多次，各类文艺演出活动9 700多次。[1]这些活动的开展，一方面得益于体育场馆的资源社会化，另一方面也反映出体育场馆设计对空间的多功能利用已有充分考虑。

从1896年顾拜旦发起现代奥林匹克运动会催生第一代体育场（馆）开始，到国际上有学者定义当前的体育建筑已跨入信息化的第四代，体育展示空间始终存在，并且，逐步由"观－赛"空间丰富为"观－演"空间，面对竞技比赛，观众甚至有时会恍惚，这更像一场精彩的演出。

2. 赛后运营负担

相信对所有主办城市而言，奥运建筑几乎都是"一次性消费"，同样，为很多大型赛事而建的体育场馆与之一样，都面临赛后运营的问题。悉尼奥运会场馆的设计、建设和赛后运营采取PPP模式（public-private partnership，公私合营），整个建设支出为4.63亿澳元，其中新南威尔士州政府出资1.35亿澳元，其余3.28亿澳元主要通过股票上市、银行借贷、冠名权和出售会员等方式筹集。2000年奥运会之后，以2003年为例，全年奥林匹克公园运营支出1.39亿澳元，收入仅为0.54亿澳元，亏损多达0.85亿澳元，依然需要依靠政府的补贴①。悉尼市政府因此在2004年首先将体育场冠名权出售给当地电信公司，同时对悉尼奥林匹克公园进行了大量的改建工作，现已成功将之转型为多用途场所，作为当地重要的艺术与娱乐活动大本营，每年约有1 800项活动在该场馆举行，如悉尼复活节嘉年华、橄榄球联盟赛、游泳表演比赛、演唱会等，经营状况大为好转。

国家游泳中心"水立方"是2008年北京奥运会的标志性建筑之一，2011年场馆维护、资产折旧、能耗等在内的成本费用含税金总计高达9 929.9万元人民币，自营收入只有8 800万元人民币，如果没有根据北京市体育产业发展引导资金的有关政策，申报跳水、花游、短池3项国际赛事的产业扶持资金而最终获得960.20万元人民币资金支持的话，年亏损将愈1 000万元②。北京国家游泳中心有限责任公司相关负责人接受记者采访时表示，目前与旅游相关的收入大约占"水立方"总收入的3成。商业演出、发布会、演唱会等综艺表演活动作为重要的经营收入来源，上升势头明显，北京电视台2012年环球春节晚会就在此举行。

大型体育设施一次性投资较大，建成后应尽量避免其闲置，设计

时必须考虑其综合利用。结合体育建筑的空间特点，空间观演化的发展技术是值得深入研究的课题之一。

二、空间模式转化方向的探索

体育场馆的核心空间是满足体育工艺要求的竞技场地。通常，体育场馆（尤其是室内馆）都可以满足赛－训空间和观－赛空间的转换，这种转换一方面为正式体育项目比赛提供工艺条件，另一方面很自然地为全民健身或者说场馆资源的社会化提供了可能，从而保证了大型体育场馆的"公益性"。

1. "剧院式"体育场馆

体育场馆的大跨度、大空间使自身与观演建筑具有了一定的交集，模糊了传统竞技比赛的观－赛空间模式与娱乐表演的观－演空间模式。随着建造技术的不断发展，人性化服务、观众舒适性要求和媒体传播需求的日益提高，体育场馆空间完全可以通过设计和技术手段达到歌舞剧院、戏剧院、音乐厅等专业观演建筑的要求，这也自然而然地拓展了场馆的经营模式，提高了利用率。

国内体育建筑观演化的最早案例应该是1975年建成的由魏敦山院士主持设计的上海万人体育馆，可容纳观众18 000人，举办过很多国内外大型室内球类比赛。为提高综合使用效益，万人体育馆于1999年进行了大规模改造，保留原比赛大厅内场地，拆除6 000座席看台，加设一个50 m宽、28 m深的大型双层舞台，并配置了专业的舞台工艺设计及灯光、音响设备，可举办专业大型歌舞演出。原有内场增设约1 000个活动座席，加上拆除部分看台后呈C字形的固定看台座席，总共可容纳观众约13 000人。改造后的万人体育馆不但继续承办室内体育比赛，还成功举办了很多大型综艺演出，故又被称为"上海大舞台"，是国内首座大型"剧院式"体育馆。

借鉴上海万人体育馆的成功运营经验，笔者2000年后在主持设计的多个6 000座左右中等规模的综合体育馆中尝试剧场空间的表达。在满足任务书要求的场地布置设计前提下，将万人体育馆C字形看台优化为U字形，即固定观众席看台为三边布置，与场地的关系更和谐，观众和运动员/演员的互动氛围更加强烈；将主席台对面开放出来作为训练空间，可临时搭建表演舞台，台口宽度20～30 m，高度16～18 m，通过活动隔声防火幕进行分隔。这种基本布置方式既满足了体训功能，又能便利地在体育馆内提供满足专业工艺要求的剧场空间，在"以体养体"的大方向下为运营方提供了更加广阔的思路，有利于体育场馆设施利用的社会化和运营的商业化。

2. "中心舞台"式体育场馆

2011年上海成功举办了第十四届世界游泳锦标赛，游泳比赛的主赛场是位于东方体育中心、最多可容纳18 000名观众的综合体育馆。在设计这样一座万人以上规模的大型体育馆时，考虑到比赛的级别、赛场的围合感、媒体转播、疏散安全以及标志性等综合因素，我们采取了四面围合的固定看台包围内场的平面布局，内场的尺寸经过多方论证确定为40 m×70 m，可满足多种比赛需求，实现综合利用。世界游泳锦标赛时，综合体育馆内场搭建50 m×25 m的临时钢胆泳池；赛后拆除临时泳池，内场可布置为篮球场、冰球场、手球场以及体操搭台等模式，通过调整活动看台的伸出排数可以确保内场看台与比赛场地变换的呼应关系。

3. "空间挪移"式体育场馆

更为夸张的案例是2001年建成的日本北海道札幌天穹体育场，这个外观呈银色卵状造型的体育场位于风景优美的羊丘展望台，带有一个全天候穹顶，是为举办2002年世界杯足球赛而建造的。该体育场的最大特点在于设有室内室外两个足球场，通过复杂的气动机械设备完成足球场（天然草坪）与棒球场（人工草坪）的室内外转换，以及相当数量的观众席的旋转移动等一系列复杂运作，来满足在所有气候条件下观赏比赛的要求。这套机械系统被称为"旋转台"机械系统，通过轮子利用气垫减轻重量在两个场地内自由移动。这两个场地可以在5个小时内根据活动场地的使用满足演唱会、音乐会等其他商业娱乐表演的需要。

随着现代建造技术和设备工艺的发展，场地概念已经发生翻天覆地的转变，在同一空间内不仅可以开展体操及各种球类等陆上室内运动项目，还可以开展冰球、短道速滑、冰上艺术和芭蕾等冰上运动项目，甚至可以通过专业设备商临时搭建泳池来开展游泳项目的比赛。2005年竣工的最多可容纳15 000名观众的上海旗忠森林网球中心，也是采用中央场地四面围合看台的平面布局，通过先进技术手段的支持，在专业网球场地的空间内举办了NBA篮球表演赛和第八届国际泳联世界短池游泳锦标赛。

当NBA的明星们在旗忠网球场的中央场地大秀球技时，当室内外竞技、演出场地时空变幻时，当东方体育中心综合体育馆出现申雪、赵宏博和金妍儿滑行于冰面上的曼妙身影时，这又是一种怎样的观演体验？

三、空间转化技术构想

无论"剧院式"体育馆还是"中心舞台"式体育馆，甚至观演空间自由转换的"空间挪移"式体育场馆，都体现了体育场馆空间更聚集的功能化这一发展方向。也许我们可以找到类似"超级体育馆"这样的称呼来定义满足现代需求的这样一种集体育、演艺为一体的大型综合场馆的设计方向。对此尚有很多课题需要深入研究，我们将以东方体育中心综合馆内场平面布置为基本模本，对大型体育空间观演化方向的关键技术可行性作初步探索。

1. 自由的观众席看台

不同运动项目的室内比赛场地尺寸要求差异很大，一般在进行体育馆室内场地设计时，会根据需满足的最大场地尺寸来确定固定围合看台的尺寸，然后通过活动看台的设置来调节场地尺寸。一般而言，体育场馆对活动看台的技术要求较低，通常采用可伸缩看台和可移动看台。但是要满足自由的观众席看台的构想，这远远不够。我们对自由的观众席看台的设想是不仅能够伸缩和移动，还要可旋转和可升降，借鉴现代剧院的舞台技术，充分利用场地内的活动看台，创造更多组合模式，以满足不同舞台位置的要求，真正适应"超级体育馆"的座席要求。

2. 可变化和可升降的比赛场地

实践证明，体育场馆比赛场地的可变性决定着场馆的适应性。我们在设计综合体育馆内场的时候，一方面希望场地的二维尺寸能够满

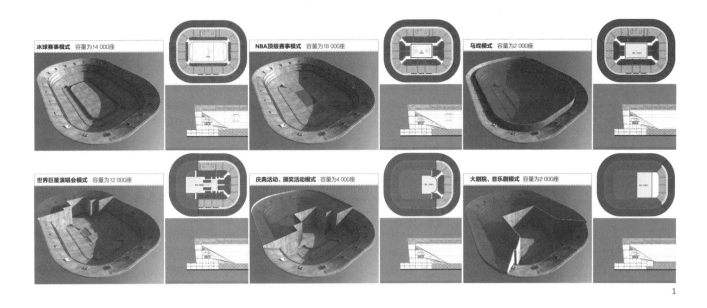

1

1 体育场馆的多种演艺空间分隔效果

足多种运动项目的工艺要求，另一方面更希望场地构造的面层材料也可以灵活更换。所以通常的做法是预留一定厚度的构造空间，铺设常规需求最多的活动木地板，当变换运动项目时，只需要替换面层材料或者搭建体操台。随着技术的发展，预留一定地面构造空间以转换为冰场和搭建泳池已成为很轻松的事情。这部分内容构成了可变化比赛场地的设计要点。

既然"超级体育馆"也可以作为剧场，就一定需要专业的舞台机械支持，根据前期设计的定位要求，中心场地内通过舞台机械的精确配合，完全可以做到局部自由升降，从而在空间上突破二维场地布置的局限，为内场的变换提供更多惊喜。

3. 可变垂直分隔系统

垂直分隔系统是设计体育和演艺综合体建筑空间的关键要素，我们设想这种系统在可移动、可升降的同时，其材料也必须满足声学指标和消防安全要求。目前，我们在部分体育馆和游泳跳水馆的工程项目中实践过可升降的分隔系统，来达到在观众数量减少、游泳和跳水分区使用等类似情况下，减小空间以节约空调能耗的目的。但是要达到图1所示多种演艺空间的分隔效果，无论机械布置还是分隔材料，目前还没有成熟案例可以参考，需要继续深入研究。

4. 综合马道系统

由于体育和演艺功能的综合，建筑内场空间要具备场地和舞台的多种平面组合可能，这也使得传统的马道设计无法满足多种组合情况下对灯光和音响的要求。根据图示的6种主要文体场地布置，我们提出综合马道系统的设想，综合多种场地布置下的主要功能性马道，研究必要的灯光音响系统组合方式，降低综艺舞台的灯光音响要求，以临时搭建来补充，这样才有可能满足比赛或演出对现场直播和转播的要求，同时要合理控制马道荷载负重以减少钢结构荷载和用钢量。

除了上述四项关键技术设想以外，不同空间组合情况下的声学设计、视线分析、空调配置、安全疏散等也同样值得关注和进一步研究。

结语

随着人民群众物质生活水平的不断提高，体育场馆的观演化发展也在一定程度上适应并满足人们日益提升的精神文化需求，使一次投资建设的场馆发挥多种功能。人们在其中不仅能够锻炼、健身或者观赏比赛，也可以娱乐、聚会、体验和欣赏演出，相信集体育与演艺于一身的"超级场馆"设计技术必将推动体育建筑的未来发展。

注释

① 详见：http://blog.sina.com.cn/s/blog_4a78b497010009j8.html。
② 详见：http://finance.ifeng.com/news/region/20111228/5350488.shtml。

参考文献

[1] 刘鹏. 认真学习贯彻党的十七届六中全会精神总结经验改革创新科学谋划破解难题推动体育事业和体育产业全面协调可持续发展 [C]. 大型体育场馆运营管理经验交流会暨 2011 年全国体育产业工作会议，南京，2011.

[2] 胡兴安，魏敦山. 中国体育建筑 60 年回顾——魏敦山院士访谈 [J]. 城市建筑，2010（11）.

[3] 马国馨. 第三代体育场的开发和建设 [J]. 建筑学报，1995（5）.

作者简介

杨凯 上海建筑设计研究院有限公司建筑二所项目副总监
赵晨 上海建筑设计研究院有限公司建筑二所所长，项目总监

THE DESIGN RESEARCH ON THE COMPREHENSIVE UTILIZATION OF THE LARGE AND MEDIUM-SIZED GYMNASIUM IN THE PERIOD AFTER THE COMPETITION

大中型体育场馆赛后综合利用设计研究

汤朔宁　喻汝青 | Tang Shuoning　Yu Ruqing

2008年至2010年，中国相继举办了北京奥运会、广州亚运会、深圳大运会以及哈尔滨世界大学生冬季运动会等一系列世界级的大型赛事，也相继建设了一大批高标准的体育场馆。相应地，在2008年前后，业内关于新建体育场馆赛后改造设计的研究持续深入。今天，许多当年新建的体育场馆已经完成了赛后的设计和改造，进入到赛后综合利用时期。作为设计者，我们得以审视这些曾经举办过大型赛事的场馆的改建及利用的实际状态，更重要的是，反省当年的设计是否充分考虑到了日后的改造和运营、是否为大众化开放提供了可塑造的空间和条件、是否能够继续适应未来可能出现的更多样的使用需求。

一、大中型体育场馆综合利用的必要性

中国近十年新建的大中型体育场馆绝大多数以承办各级体育赛事为目标。但是在此之后较长一段时期内，国内城市举办重大赛事的机会将会锐减，因而大量场馆的日常运营重心将会慢慢转移到市场经营上，呈现出以体育市场为主、竞赛为辅的趋向，旨在实现场馆的自主运营。在这种趋势下，大中型体育场馆将成为体育市场和体育文化的载体，大量场馆将具有面对自主经营且向大众开放的现实需求，进行不同程度的改建，以利于场馆在赛后时期的综合利用。[1]

奥运会等大型赛事虽然已经结束，但体育精神却对民众产生深远影响，并影响全民健身的需求，不仅有利于强身健体，更有助于发展真正的体育强国。但中国体育建筑人均占有指标与发达国家相比差距很大，2011年发布的《全民健身计划》中五年规划的建设目标任务是"截至2015年，全国各类体育场地应达到120万个以上，人均体育场地面积应达到1.5 m²以上"。而美国目前人均体育场地面积就已达到16 m²，日本人均体育场地面积更高达19 m²。此外，中国还缺少足够的大众化体育设施和活动场地，更缺少供大众使用的社区体育场馆，大众化体育设施需求十分迫切。如果将赛事过后的大中型竞技性体育场馆进行合理改造并成功地予以综合利用，会大大缓解社区体育场馆不足的现状，提高大众健身质量。[2]

二、针对大中型体育场馆赛后综合利用的设计要点

1. 大中型体育场馆赛后综合利用的前瞻性

大中型体育场馆对所在城市的体育事业发展具有特殊作用。首先应该在建设初期就对大中型场馆的赛后综合利用进行前瞻式的合理定位，一些展览馆和会议中心赛时被改造成为奥运场馆，赛后可以恢复其功能；而另一些永久建造的大中型场馆，赛后可以被改造成集休闲娱乐产业于一体的综合体；还有一些位于校园内部的大中型场馆，赛后可以被改造成面向校园周边社区服务的社区体育场馆。其次，在设计中应该充分考虑赛后的各种具体利用措施和多功能使用手段，尽量提供充足的弹性空间和可变条件，为赛后成功改造以及引入多种产业提供可能性。

2. 比赛场地及座席转换的多功能使用的可行性

场馆内的主要比赛大厅除了必须符合赛时比赛要求外，还应考虑到场地的兼容性与适应性。合适的场地大小能够保证占据体育场馆最大空间的主比赛厅得到充分利用，并适应多种运动项目（如篮球、排球、手球、羽毛球、乒乓球、体操、网球等项目）或团队专项训练。体育场馆的场地还可以举办各种大型展览或演唱会等娱乐活动，大厅能够容纳众多观众，同时具有搭设巨大舞台和设置演唱表演所需各种设施的可能。

设置合理的观众席规模，采取适当比例的活动座席或临时座椅可以灵活调整场地面积，适应不同需求。赛时展开全部活动座席，使观众与运动员更加接近；赛后将活动座席收起，可以提供更多面积的运动场地。活动座席的布置主要有两种方式，一种是布置在固定看台首排之前，一直延伸到场地边沿，收起后可以扩大运动场地的面积，提高场地变换的可能性；另一种是放置在看台的后部，赛后收起或拆除，则形成完整的开放空间以作他用。"水立方"的比赛大厅赛后就将看台后排的活动座席拆除，转换成各种商业空间（表1）。以北京科技大学体育馆为例，主场地尺寸为60 m×40 m，赛时观众席总数为8 012个，由4 080个固定座席和3 932个临时座席组成。赛后部分临

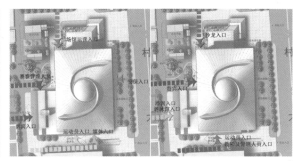

1　2　3

时看台被拆除（图1），并通过加设隔墙改建为2个室内多功能训练馆（图2），主比赛厅可以举办柔道和跆拳道等比赛，还可以满足学校的体育教学训练、文艺汇演等各种活动需要。[3]

3. 赛时需求与赛后使用功能相互置换的可操作性

举办大型赛事的体育场馆往往需要设计并提供数量众多的配套附属用房，如新闻媒体用房、运动员及随队官员用房、裁判员用房、竞赛组织用房、贵宾用房、赞助商用房、观众用房、场馆运营用房、安保用房等几大类，而且这些附属功能用房在总面积中所占比例很高，因此赛后如何对其进行合理的综合利用是十分重要的问题。[4]1995年国务院颁布的《全民健身计划纲要》中规定，"体育场地设施建设要纳入城乡建设规划，落实国家关于城市公共体育设施用地定额和学校体育场地设施的规定。各种国有体育场地设施都要向社会开放，加强管理，提高使用效率，并且为老年人、儿童和残疾人参加体育健身活动提供便利条件"。如果建设之初明确将赛后运营的目标定位为向大众开放服务，那么这些大面积的功能用房就必须在赛后能够进行合理改造，并获得最大化的利用。设计者可以有意识地在设计中把赛后不再需要的赛事辅助功能用房相对集中布置，以利于改造中整合形成相对完整的空间，以作他用。

4. 赛时流线在赛后使用中的可调整性

举办大型赛事时，场馆内流线较复杂，需要保证工作管理人员、媒体记者、运动员、贵宾、观众等流线各自清晰且不会互相干扰，而赛后日常运营中，只需满足工作人员和来馆活动人员的使用流线，因而改造时要对原有流线进行调整，保证场馆功能使用贯通、运行流畅。

5. 专项技术的适应性

为大型赛事举办而建的体育建筑往往造价高且运行能耗巨大，因而设计应贯彻生态理念并采取适宜的节能措施。生态节能技术的应用对于赛后大中型体育场馆的赛时运转和赛后的日常运营具有极其重要的经济意义。以2009年高雄世运会主赛场——高雄太阳能体育场为例，其屋盖安装有太阳能电池，太阳能板阵列的宽度从2.5 m到3.5 m

不等，8 800块太阳能板使这座场馆无论赛时还是赛后都能够充分节约能源。[5]

三、以北京大学体育馆为例的综合利用设计分析

1. 使用模式的变更

北京大学体育馆曾作为2008年北京奥运会和残奥会乒乓球比赛场馆，是世界上首个乒乓球专用比赛场馆，设计有满足国际奥委会（IOC）和国际乒联（ITTF）各项技术标准的场地和各类用房。

进入赛后时期的北京大学体育馆改造的目标定位是"体育运动超市"，设计者在2005年设计之初就通过校内外的调研为场馆赛后运营布置了包括乒乓球、羽毛球、篮球、游泳、击剑、跆拳道、壁球、攀岩、瑜伽、形体、静水荡桨等18个运动项目的场地，改造后不仅与学校现有的其他场馆形成互补，突出特色，满足本校使用需求，同时面向全校师生员工和社会大众开放以开展体育运动，并可承办重大体育赛事、文艺演出、大型集会等（表2），极大地促进了北京大学的体育运动发展和大众的休闲健身活动。

2. 流线整合

作为奥运会比赛用馆，北京大学体育馆四周根据赛时使用分布着各个功能入口（图3），而在赛后时期对大中型体育场馆的各类使用流线重新进行了调整及整合（图3）。观众仍然从南、北两侧大台阶进入，南侧除了保留运动员入口外，又增加了教师及管理入口；设于西侧裙房的原贵宾入口改为游泳馆和培训人员入口；北侧场馆运营入口改造为沙龙入口；东侧的安保入口被取消并改为紧急疏散口；赛事管理人员入口、赞助商入口等均被取消，取而代之的是新功能所需要的教师、游泳馆等入口。

3. 空间整合

（1）原有空间的充分利用

奥运赛事过后，北京大学体育馆充分利用现有主比赛厅举办了CUBA女子篮球联赛总决赛、乒乓球超级联赛、北京市高校健美操比

4
5
6

赛、高校艺术体操比赛、北京大学新生杯羽毛球比赛、百度企业年会等多项赛事及活动。北京大学体育馆主比赛厅的场地尺寸为47 m×39.5 m，场地虽然面积不大，但具有较好的适应性和兼容性，可以同时容纳2个篮球或6个排球或12个羽毛球或8个乒乓球训练场地；放入全部活动座席后，形成27 m×20 m的场地，可以布置2张乒乓球台进行比赛。场馆完成赛后改造后，目前主比赛厅的场地作为12个羽毛球场地供日常运营使用。

北京大学体育馆除了拥有较完整的比赛场地之外，还设置了大量的观众座席。主比赛厅赛时共设置7 557个座席，包括5 357个固定座席和2 200个活动座席，其中部分固定座席由钢结构搭建完成，必要时可予以拆除，形成训练空间。为了赛事过后充分利用看台下部的弹性空间，设计时仔细推敲了固定座席的首排高度，如果首排高度过高，座席离场地边缘距离过远且后排座席升起过高，赛后会留下大量难以利用的场地面积。首排高度过低，则看台下的空间较难利用。合理的首排座席高度能够保证固定座席和活动座席的合适比例，也能在赛后较充分地利用看台下的空间，加入多种辅助功能。[6]北京大学体育馆在赛后就将看台下空间改造为体育器材商店，以及餐饮、咖啡等休闲场所。

（2）空间的重新划分及整合

贵宾区——一层西南侧的奥林匹克大家庭及附属医疗、备餐和办公等用房被集中改造成北京大学体育教研部的多功能厅和办公用房，以供体育教研部相关工作要求以及部分教师训练、健身使用。

新闻媒体用房——地下一层东南侧较小的新闻管理用房与周围的走道合并，改造为大空间的业余乒乓球训练厅；摄影记者工作用房和备用用房合并改造为台球厅，紧邻的赛时媒体餐饮休息区改为开敞的咖啡厅服务区；部分赛时媒体餐饮休息区及备用用房原有电梯、卫生间被移除，拆除隔墙后改为一个重竞技厅（图4），为散打和跆拳道运动提供场地；一层东南侧文字记者工作间及附属卫生间改造为综合健身房及配套的更衣淋浴区；转播用房改造为办公用房；新闻发布会厅改造为教师及管理人员办公室；取消了二层的赛时评论员用房和评论员卫生间。

场馆运营区——对地下二层东南侧的备用用房、空调用房等辅助用房和女休息室重新进行空间划分，改造为击剑和剑道两个功能用房；地下一层西南侧的备用用房和空调机房改造为卫生间；一层北侧原有工作人员休息区和赛时运营办公区在赛时就特意采取轻质隔墙分隔，赛后移除后作为形体训练和健美操用房，并在大台阶下修建职工宿舍；中部的数据网络中心、固定通信设备用房和场馆技术人员用房等众多小空间用房整合形成一个大空间——器械健身厅（图5），作为学校教师、学生以及社会大众参与健身锻炼的主要场所，利用率极高。

运动员区——地下二层中部的奥运比赛热身场地改造成综合训练大厅，可以布置3块篮球场地或4块排球场地，也可以进行标准室内足球和羽毛球等运动项目。从目前实际运行情况看，这块多功能运动场地备受健身爱好者欢迎，经常爆满。此外，地下游泳池为了更好地向大众开放而调整了更衣室空间布局，增加了淋浴隔间和更衣柜数量。

赛事组织区——地下二层北侧原有的器材库改造为抱石馆（图6）和若干的壁球室；一层西南侧的比赛信息处理、国际乒联、中国乒协等相关用房改造为乒乓球俱乐部，满足乒乓球训练及普通比赛要求；靠近赛场区域原有的器材房及赛时机房改造为开敞服务空间及饮水、休息区。

其他区域——二层南侧取消原有的贵宾休息室和警卫室，改造为观众休息厅，靠近赛场的机动警卫室改造为贵宾室，配电间、观众卫生间的位置也进行了相应调整。

北京大学体育馆的设计充分考虑到赛后综合利用，因此非常注重针对赛后利用的空间布置。设计者将赛后不再使用的功能空间集中布置，赛后进行重新划分和整合（表3）。从赛后运营的情况来看，无疑非常成功，场馆的日常利用率非常高，许多场地（如主比赛厅的羽毛球场地、舞蹈和形体用房、健身用房、综合训练厅等）都处于供不应求的状态，而场馆的综合经济效益也非常好，完全实现了"以馆养馆"的运营目标。

四、场馆未来适应性的探讨

1. 展现体育文化

在开展大型赛事或观演活动之外，还可以引入与主题相关的设施进行体育文化的展示。大中型体育场馆可以开发利用的展览空间资源

4 北京大学体育馆重竞技厅
5 北京大学体育馆器械健身厅
6 北京大学体育馆抱石馆

表1 体育场馆赛时、赛后座席对比

场馆名称	赛时座席/个	赛后座席
中国国家体育场	91 000	拆除1.1万个临时座席，剩余8万个固定座席
伦敦奥运会主体育场	80 000	拆除5.5万个临时座席，剩余2.5万个固定座席
中国国家游泳中心	17 000	拆除1.1万个临时座席，剩余6 000个固定座席
中国农业大学体育馆	8 000	拆除2 000个临时座席，剩余6 000个固定座席
北京工业大学体育馆	7 500	拆除1 700个临时座席，剩余5 800个固定座席

表2 北京大学体育馆赛后时期的综合利用

类别	利用模式	具体说明
校内使用	校内体育课程教学	利用馆内现有的游泳馆、健美操厅、综合训练厅（篮球）等场地为学生提供丰富的课程选择
	为学校运动队提供训练场地	乒乓球、羽毛球、篮球、游泳等校队可以在相应的场地进行训练与比赛
	为学生社团活动提供场地	乒乓球协会、击剑协会、剑道协会、空手道协会、太极拳协会、散打协会、游泳协会、攀岩协会、台球协会、羽毛球协会等可在馆内各类用房内进行活动
	承办学校大型活动	大型比赛厅为学校开学典礼、校运动会、就业洽谈会等提供场地
公众开放	体育健身	器械健身厅可以满足群众健身需求；馆内主赛场的12块羽毛球塑胶场地供公众开展羽毛球运动；综合训练厅、游泳馆等大量的体育健身空间均向公众开放
	休闲娱乐	咖啡服务区是休闲畅谈的场所；抱石厅可以进行团队素质拓展活动；台球桌、斯诺克球桌等可供大众休闲
	展览观演	主场地可以举办容纳7 000人的大型演唱会或大型展览等文化活动
	体育培训	场馆内可以提供如游泳、壁球、健美操、瑜伽、剑道、攀岩、乒乓球等多样化的体育休闲培训用房；综合训练大厅可以举办小型室内运动会，或进行篮、排球训练

表3 北京大学体育馆赛时与赛后功能改造简表

类别	所在位置	状态	房间名称	功能用途
贵宾区	一层西南侧	赛时	奥林匹克大家庭及其配套用房	供领导、赞助商等贵宾休息使用
		赛后	体育教研部	体育教研相关工作，配套相关的多功能厅与办公室
新闻媒体区	地下一层南侧	赛时	摄影记者工作用房和备用用房	供摄影记者工作使用
		赛后	台球厅	面向校内和校外人员进行台球休闲和台球训练使用
	一层东南侧	赛时	文字记者工作间	文字记者采访奥运的工作用房
		赛后	综合健身厅和配套更衣淋浴	向大众开放的健身场所
	三层南侧	赛时	电视转播	为进行电视转播比赛而准备的相关用房
		赛后	办公室	工作人员办公用房
场馆运营区	一层北侧	赛时	工作人员办公休息及相关机房	场馆工作人员管理办公休息会议用房
		赛后	形体训练和健美操用房	教学、训练及开放的练习形体和健美操的配套用房
	一层中部	赛时	固定通信设备用房和场馆技术人员用房	维持场馆运营的通信设备和通信工作人员使用
		赛后	器械健身厅	供校内和校外群众进行器械健身和跑步机锻炼的主要健身用房
运动员区	地下二层中央	赛时	运动员热身训练厅	运动员的热身场
		赛后	综合训练大厅	可以变身为3块篮球场或4块排球场，可以举行室内足球赛
赛事组织区	一层西南侧	赛时	国际乒联、中国乒协及比赛信息处理相关机房	乒联、乒协等相关官员和竞委会贵宾休息和办公的场所
		赛后	乒乓球俱乐部	供北京大学乒乓球俱乐部活动使用的场所
其他区域	地下二层西南侧	赛时	地下二层的大型器材库房	不蓄水，储存训练器材
		赛后	50 m正规游泳池	对外开放的供训练，锻炼使用的游泳池

巨大，除主比赛厅可以举办大型展览活动之外，观众休息厅和看台下部空间也可以充分利用。展览活动以体育文化为主，并配合相关的商业活动，通过举办相关展览，不仅可以推动各种文化产业的发展，还可以为体育场馆引入额外收入。[7]

2. 引入俱乐部模式发展

高校体育场馆不仅要满足体育比赛和大型活动需求，还要为校园内外人员提供体育健身与休闲场所，面对多样化的需求。体育俱乐部是一种将健身与商务活动结合的模式，其市场定位不仅面向普通大众，还包括商务人士，需要同时提供运动健身、社交休闲及会议交流等空间，因此在改建设计中，可以考虑将赛时用房改造为赛后的俱乐部相关用房。

3. 平台上部空间及外部空间利用

以往大中型体育场馆赛后利用的改造空间主要集中在比赛厅大空间及看台下附属功能用房，而较少涉及赛场外的二、三层平台空间。主比赛厅在举办大型观演活动或展览活动时，二层的观众休息厅可以改造为休闲场所，提供观众就餐、休息、交流等功能。而类似的功能设计甚至可以从场馆的内部延伸至室外，将体育建筑的外部广场也作为赛后时期场馆的综合利用场所。

参考文献

[1] 杨洲，杨海. 后奥运时期体育建筑的发展趋势初探 [J]. 建筑创作，2008（7）.

[2] 汤朔宁，韩雨彤. 中奥社区体育馆建设比较研究 [J]. 城市建筑，2011（11）.

[3] 庄惟敏，栗铁. 2008年柔道跆拳道馆（北京科技大学体育馆）设计 [J]. 建筑学报，2008（1）.

[4] 傅堃. 北京奥运会场馆的适应性改造与赛后利用 [D]. 天津：天津大学，2007.

[5] 伊东丰雄联合建筑设计事务所. 台湾高雄太阳能体育场 [J]. 城市建筑，2010（11）.

[6] 刘志鹏. 北京海淀体育中心非赛时利用研究 [D]. 北京：清华大学，2003

[7] 崔杰. 北京工业大学奥运场馆赛后利用研究 [D]. 北京：北京工业大学，2007.

作者简介

汤朔宁 同济大学建筑与城市规划学院副教授，高密度人居环境生态与节能教育部重点实验室

喻汝青 同济大学建筑与城市规划学院硕士研究生

DIFFERENTIATION & INTEGRATION: THE CREATION LOGIC OF COMPLEX STRUCTURE MORPHOLOGY IN LONG-SPAN ARCHITECTURE

分化　整合
——大跨建筑复杂结构形态的创作逻辑

孙明宇　刘德明　董宇 | Sun Mingyu Liu Deming Dong Yu

国家自然科学基金〔编号：51208132〕
黑龙江省自然科学基金〔编号：E201242〕
第54批中国博士后面上基金〔编号：2013M541380〕

大跨建筑是技术要求最高、影响范围最广、多学科综合性最强的建筑类别。在古代，科学知识以哲学的形式而整体存在，手工业时期的艺术、建筑、结构、技术、材料、数学、装饰等方面的内容都由一人或几人来共同负责，当时的建筑师即一个系统化的设计工厂，外界的信息经由他内在系统化的思考最终形成整体化的建筑作品得以建造；而后，随着人类对世界条分缕析地深入认识，近代科学开始了学科的分化，从而促进了职业的分化，出现了建筑师、结构工程师、设备工程师、项目预算师等，每一学科都得到飞速、深入的发展，却常常造成支离、脱节的现象，多专业的配合度成了衡量建筑作品优秀与否的指征；随着这些问题的不断发展，长期分化的独立学科的综合整合已经在当下的建筑业内呼之欲出，直至复杂性科学和数字技术的渗入，传统分散的各个环节可以被整合在一个完整的系统之中，综合性地从理论、方法和工具层面解决大跨建筑创作中极其复杂的问题，就此，大跨建筑的技术与艺术实现了又一次高度完美的融合。

一、"复杂"的表象与"整合"的逻辑

大跨建筑是将建筑表现力与技术制约性这对矛盾高度融合的综合体。在众多技术中，结构创新无疑是主导大跨建筑创作的最为重要的一环，空间、形象以及生态界面等设计目标皆以结构形态为物质载体，以结构的布置方式作为整个建筑系统建构方式的基点，所以在大跨建筑中，结构是整个建筑系统彼此支持和协调的基础。基于强大的数字技术的发展，建筑形态获得前所未有的自由度，甚至结构形态也可以一定程度地挣脱传统结构受力体系的束缚。但是，如若所谓奇观造型缺失技术逻辑，就暴露出其内部结构的混乱与尴尬，所以，其自由"复杂"的结构形态背后必然存在着逻辑更加严谨的技术"整合"。正如法国建筑理论家维奥莱·勒·杜克（Eugène Emmanuel Viollet-le-Duc）19世纪50年代在其著作《建筑谈话录》（Entretiens sur l'architecture）中提出的结构理性主义，主张建立一种以逻辑、气候、经济以及精巧的工艺生产和实用要求为基础的，作为建造艺术的建筑学思想。[1]

1. "复杂"的结构体系——"整合"的基点

从表面上看，自由的结构形态似乎可以脱离现实世界的束缚，但事实上，复杂的结构形态绝非能够脱离结构逻辑而存在，更不会是违反结构逻辑的。无论是何种美学下呈现出何种形式的大跨建筑结构体系，首先都应该是符合世界先进的空间结构要求、具有科技含量的结构体系。王仕统在《大跨度空间钢结构的概念设计与结构哲学》一文中总结，张拉整体体系（连续拉、间断压）、膜结构、开合结构、折叠结构和玻璃结构等是世界大跨度空间结构的发展方向；[2]陆赐麟先生在《近年我国钢结构工程设计与实践中的问题与思考》中提到，"大型建筑结构向轻型化发展——围护材料轻型化、高强化，承重结构空间化、张力化，制造加工自动化、流水化，施工安装集成化、整体化"。[3]这些资料表明了大跨建筑最明晰、最基本的发展方向，包括表皮、结构、加工与建造等类别的要求，不可本末倒置，那些为追求新奇特而应用效率低、成本高的结构体系无疑是逆向而驰。

2. "复杂"的理论平台——"整合"的概念

在人们对技术信息的不断熟悉以及对大众传媒的操作控制日益增强的今天，形式魅力和感染力的泛滥显然更加难以控制，[4]所以对整个建筑系统进行概念上的清晰辨析和智慧决策是极其重要的。大跨建筑复杂结构形态，是以复杂性科学为理论支撑、以数字技术为技术支撑，具有整体性、综合性的概念，是混沌外显与有序本质的统一。复杂结构形态中的"形"为形式（form），是外显结果，分解为几何、材料和构型三个层面；"态"为性能（performance），是内部逻辑，分解为技术性能、空间性能与美学性能三个层面；"形"表现为趋向自由、连续、流动、动态、随机、瞬时、不规则、不对称，是建筑设计最大限度地表现其内部逻辑"态"的结果，亦是物质载体。建筑师可通过几何、材料和构型这三者的设计与创新来实现建筑空间性能、技术性能与美学性能最综合、最优化的有机形态。

3. "复杂"的技术支撑——"整合"的实现

整合的实现需要强大而复杂的数字技术作为支撑，数字化工具是以数字信息为核心的集成技术，将现实中的现象转化为计算机共通的

数据语言，进行运算、输出等工作。以信息数据为基础的建筑信息模型（building information modeling）具有可视化、协调性、模拟性及优化性的特点，可以实现大跨建筑形态的有机性，将功能、生态、美学有机地融于大跨建筑结构形态这一物质实体中，使设计、加工与建造协同工作，达成建筑发展的高效率与高性能化。这种集成设计是一种多专业配合的设计方法，它把看上去与传统建筑设计毫无关系的方面集合到一起以实现共同的利益，最终目的是以较低的成本获得高性能和多方面的效益。[5]其可以控制的内容是非常具体的，包括建筑的空间、流线、结构、采光、采暖、通风、声景、视线、景观等各个方面，并最终控制建筑的形式，贯穿从建筑朝向与布局、建筑整体形态的把握，到中间层次的结构、表皮、设备布置，再到更为具体的门窗布局及开启方式、建造节点设计等全过程。

二、形象、结构、空间的契合

从建筑本原来看，结构是物质层面的，是创造大跨度空间及塑造大跨建筑形象的物质载体。自由流动的结构形态应是建筑形象与内部空间一体化的综合表达，避免为片面追求建筑外部形象而不顾及内部空间的功用效率，更不可违背结构的真实与效率，三者应是统一而丰富的。

1. 结构与形象

对于大跨建筑来说，结构技术是影响建筑形象的最主要因素。苏格兰爱丁堡大学建筑学教授安格斯·J.麦克唐纳（Angus J. Macdonald）认为，"在实现跨度技术因素突出到足以作用于建筑的美学讨论范畴之内的情况下就可以认为其为大跨建筑，"[6]同时，也强调了大跨建筑中结构与形象一分为二的统一关系。随着建筑美学的更迭，建筑师追求突破经典几何的自由建筑形态，可以通过合理的结构布置及几何调度，创造有机的建筑形象，展示复杂结构形态的艺术魅力。

将此设计理念运用得最为纯熟的当属著名结构工程师塞西尔·巴尔蒙德（Cecil Balmond）及其团队ARUP公司。巴尔蒙德开启了数字技术下结构异规的新时代，颠覆了传统结构的表达方式，实现了更丰富的结构形态，推动了非线性大跨建筑的发展。巴尔蒙德与众多先锋建筑师合作建成了很多优秀建筑作品，如ARUP公司与日本建筑师坂茂（Shigeru Ban）合作设计的法国蓬皮杜梅斯中心（Centre Pompidou-Metz）（2010年建成），屋顶描摹中国草帽的意象，整个屋顶由6层叠层木材（Laminated timber）从三个方向纵横交错编织而成，形成大小变化的蜂窝式网格，仅需由屋顶向地面延伸出的4条编织柱便足以支撑5 000 m²的空间（图1）。再如与伊东丰雄（Toyo Ito）合作设计的实验性建筑2002年蛇形画廊展亭（Serpentine Gallery Pavilion 2002），结构由正方形旋转剪切算法生成貌似随机的建筑形态，结构相交线形成的不同的三角形、梯形上覆盖着玻璃或钢两种材质，看似随意，实则是建筑内部与外部使用者视线设计的物化（图2）。

2. 结构与空间

大跨建筑的存在源于人类对可提供公众集会的大空间的需求，老子曰："埏埴以为器，当其无，有器之用；凿户牖以为室，当其无，有室之用；故有之以为利，无之以为用。"大跨建筑的屋盖所覆盖的空间巨大，涵盖的功能多样，且各个功能对空间体量与形态有各自的需

求，如果设计得当，复杂的结构形态可以更好地满足各种需求差异。

体育建筑的座席区是空间性能要求最高的区域，融合了座席数、观众视线设计、交通疏散、遮阳通风等技术要求，十分复杂。考克斯建筑事务所（Cox Architects）设计的墨尔本矩形体育场（Melbourne Rectangular Stadium）（2010年建成，3万座），利用复杂形态的屋盖实现了结构与空间的完美契合，其灵感来源于布克敏斯特·富勒（Buckminster Fuller）的网格球顶，由水泡形的仿生球状网壳构成的屋盖与矩形座席空间科学吻合：一方面，屋盖结构精巧，较一般的悬臂结构节省了50%的钢材；另一方面，独特的悬臂设计能够为下面的座席提供绝佳视野。

又如，在游泳馆设计中，对于空间组合处理的难点在于跳水区域与游泳区域的高度差，室内空间既要满足跳水区域的最大高度，又要避免高度过大造成设备负荷增加与能源浪费。由扎哈·哈迪德（Zaha Hadid）设计的2012年伦敦奥运会水上运动中心（London Aquatics Centre）（图3），尽管极富强烈视觉冲击力的建筑外观似乎与内部空间的功能相呼应（屋面的起伏暗示出其下部竞技池和跳水池空间高度的不同），然而临时座席在奥运赛时使用中却出现了视线严重遮挡的基本功能问题，《搜狐体育》报道称："你以为在现场就能看到比赛吗？大错特错！在跳水场馆，有超过400名的观众只能看天花板，或者是'面壁思过'，想知道队员得分可以听广播，但是想看队员的跳水动作没门[2]。"而在广东奥林匹克体育中心游泳跳水馆设计中，建筑师将屋盖结构分解为32榀方型空间钢管桁架，按照不同功能的水池区域的空间高度，形成层级渐变、和缓起伏的整体动态的建筑形态。

三、表皮、结构、设备的共生

克里斯汀·史蒂西（Christian Schittich）在其著作《建筑表皮》中提出建筑由承重结构、技术设备、空间顺序和建筑表皮四个部分组成。[7]其中，承重结构、技术设备和建筑表皮均属实体范畴，而这三者的共生所创造的生态价值、科技价值与美学价值决定了复杂结构形态未来的发展方向。从建造逻辑上来看，表皮、结构与设备应由统一、多层级的网格进行控制，以结构布置方式为主要控制网格，并兼顾表皮与设备的布置方式，由此具有不同技术功能层共同叠加成统一有机的整体，将建筑美学表达与生态控制融为一体。

1. 结构与表皮

随着技术的发展，大跨建筑结构体系已转向轻型化，结构形态由厚重转为轻巧，由强化凸显转为弱化消隐，逐渐形成结构表皮化与表皮结构化的审美倾向。大跨建筑的表皮成为其传达信息的重要媒介，有时表达地域文脉，有时传播商业文化，有时传达结构肌理，在大跨建筑创作中具有特别重要的意义。另一方面，得益于新型建筑表皮材料的开发与应用，如具有多种性能的玻璃、膜材，表皮可以成为结构，或者可以成为影响结构形态设计的最重要的因素，同时在太阳光引入方面具有极强的生态意义。

由马希米亚诺·福克萨斯（Massimiliano Fuksas）设计的法国斯特拉斯堡天顶音乐厅（Zenith Strasbourg）（2008年建成，1.2万座）仿佛一个橙色发光体，其外部几何形状由两个椭圆形折叠旋转而成，旋转并置的钢骨架外包裹着由有机硅胶混合玻璃纤维制成的橙色金属

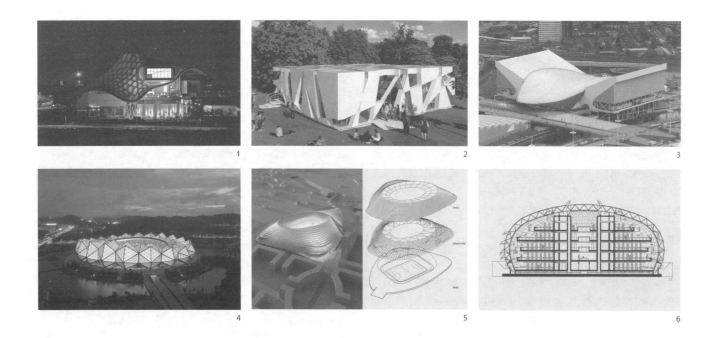

表皮，半透明材质的表皮白天是不透明的，夜晚在灯光的投射下几乎完全透明，像是一盏魔幻的灯。冯·格康、玛格及合伙人建筑师事务所（gmp）设计的2011年深圳世界大学生运动会体育中心（2011年建成，一场两馆）（图4），其中体育场屋面结构（长310 m，宽290 m）由伸出的长65 m的悬臂和以三角面为基本单位的单层空间折板网架钢结构构成，形态如钻石般闪耀。[8]

2. 结构与设备

大跨建筑由于尺度巨大，占据大量的社会和自然资源，因此此设计愈发关注自身的生态价值。在传统大跨建筑设计中，通常将节能设备作为辅助设施被动地弥补物理舒适度的不足，却又造成巨大的能源负荷。在非线性大跨建筑的设计中，自由的结构形态与表皮、设备一体化形成生态界面，智能化地主动应对空间舒适性需求（风、光、热等），提高结构与表皮的物理性能，降低整体的能耗。

英国尼古拉斯·格雷姆肖（Nicholas Grimshaw）设计的位于英国康沃尔郡的伊甸园项目是较早的大规模生态穹顶，在双层圆球网壳结构中安装有可开启窗、换气设备等设施，以维持穹顶内部空间适宜植物生长的温度与湿度。蓝天组[Coop Himmelb(l)au]在西班牙萨拉戈萨足球场方案设计（2008年）（图5）中，在结构层之上沿水平方向布置金属百叶控制自然空气的渗透流通，适当覆盖的半透明织物在引入阳光的同时还能起到遮阴挡雨的作用，以期为座席区、通道区以及运动场地及草坪提供舒适的气候条件，减少照明、空调及制冷等设备能耗。福斯特及合伙人事务所（Foster + Partners）设计的柏林自由大学文献学图书馆（The Philological Library of the Free University of Berlin）（2005年建成）（图6），4层的阅读空间被一个完整的、像素化的生态穹顶所覆盖，结构内外双层表皮间的空腔形成可以输送新鲜空气和废气的运输管道。这里全年有近60%的时间实现自然通风，

运营费用与一般的全空调图书馆平均值相比降低35%，总成本与同期建造的德国其他大学图书馆的平均值相比低10%。[9]

四、设计、加工、建造的协同

复杂结构形态的实现得益于数字技术在建筑领域的迅速发展和应用，三维、动态、无缝的数字设计、加工与建造的产业链是直接作用于复杂结构形态的核心技术。纵观建筑历史，设计方法工具、建造工具、建造流程与逻辑，无不深刻地影响着建筑范式的革命，而现在，数字化技术正以前所未有的速度使建筑行业发生巨大的转型。[10]数字化工具实现了建筑信息在各个环节中的有效输入和输出，实时共享设计成果，并具有极高的可控性和精确度。于是，从复杂形态表达到建设项目全过程，再到全生命周期管理的各个环节都得到协同控制，相关专业工种之间传统的线性设计过程转变为一种网络化的交互过程，大大提高了复杂形体的设计及建造效率，同时也拥有了更高的质量与完成度。

凤凰传媒中心是我国较早将尖端的数字信息技术手段运用在管理、设计、建造全过程的作品（图7）。第一，该项目以CATIA作为数字技术平台建造1:1足尺比例的虚拟化建筑元件。以"莫比乌斯曲面"作为整个几何控制系统构建的基石，外壳钢结构几何控制系统构建是在基础控制面之上，依靠数字技术生成两组三维的"基础控制线"（包括控制外壳钢结构梁的主控制线和次控制线），这两组NURBS样条曲线与未来外壳钢结构梁的生成具有严格的衍生关系，是构建外壳钢结构系统的重要参照。第二，以BIM平台实施"三维协同"的数字化的全新工作模式。在三维协同状态下，建筑师、结构工程师、机电工程师可以基于同一个全信息建筑模型完成设计成果的交流与传递。[11]

NBBJ建筑公司与CCDI悉地国际合作设计的杭州奥林匹克运动中心

1　蓬皮杜梅斯中心（图片来源：http://www.dezeen.com/2010/02/17/centre-pompidou-metz-by-shigeru-ban）

2　2002年蛇形画廊展亭（图片来源：http://www.archdaily.com/344319）

3　2012年伦敦奥运会水上运动中心（图片来源：https://en.wikipedia.org/wiki/London_Aquatics_Centre）

4　2011年深圳世界大学生运动会体育中心（图片来源：2011年9月《建筑学报》）

5　萨拉戈萨足球场方案（图片来源：http://www.chinaasc.org/html/zp/sj/04/2014/0413/99864.html）

6　柏林自由大学文献学图书馆剖面（图片来源：2013年3月《世界建筑》）

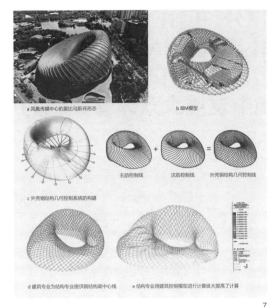

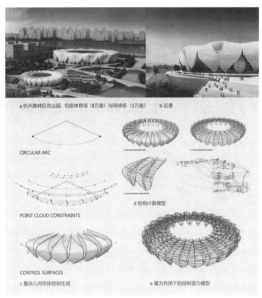

7

8

7 凤凰传媒中心（图片来源：
2014 年 5 月《建筑学报》）
8 杭州奥林匹克运动中心
（图片来源：http://www.
nbbj.com/work/hangzhou-
stadium）

（2015 年完工，8 万座体育场、1 万座网球场），造型源自钱塘江沿岸的冠状植被"白莲花"，花瓣般的钢结构屋盖形态轻盈柔美（图8）。设计师采用了参数化程序和建筑信息模型技术开发和优化3D钢结构模型，在调节整体形态的过程中及时对整体结构性能进行计算，并对形态控制进行反馈，协同控制表皮几何形态及结构构件布置。

结语

面对新的自由，重新定义真正的需求，才不会陷入自由的危险之中。数字技术带给大跨建筑创作的绝不仅仅是形式上的自由，而是从理论、方法和工具层面解决了大跨建筑创作的极其复杂的问题，将传统分散的各个环节整合在一个完整的系统之中，实现有机、生态、高效、高质且具有复杂形态的大跨建筑作品。复杂结构形态代表着大跨建筑正转向科技化、系统化、精致化的建筑图景。在这里，技术与艺术在数字技术支撑下走向了历史上最为完美的融合。

注释

①在科学领域，分化和整合是科学发展中两种相辅相成的趋势。"分化"指在原有的基本学科中细分出一门或几门相对独立的学科，"整合"指相邻甚至相距很远的学科之间交叉、渗透、融合而形成边缘性、综合性学科。
②引自搜狐体育新闻 2012 年 8 月 13 日《伦敦奥运会水上运动中心》一文，详见：http://2012.sohu.com/20120813/n350471803_7.shtml。

参考文献

[1] VIOLLET-LE-DUC E E. Entretiens Sur L'Architecture, Volume 2[M]. Berlin: Nabu Press, 2010.

[2] 王仕统. 大跨度空间钢结构的概念设计与结构哲学 [M]// 中国工程院土木水利与建筑工程学部. 论大型公共建筑工程建设——问题与建议. 北京：中国建筑工业出版社，2006：68-84.

[3] 陆赐麟. 近年我国钢结构工程设计与实践中的问题与思考 [M]// 中国工程院土木水利与建筑工程学部. 论大型公共建筑工程建设—问题与建议. 北京：中国建筑工业出版社，2006：60-67.

[4] 张弦. 以结构为先导的设计理念生成 [J]. 建筑学报，2014（3）：110-114.

[5] 张国强，尚守平，徐峰. 集成化建筑设计 [M]. 北京：中国建筑工业出版社，2011.

[6] MACDONALD A J. Structure and Architecture[M]. New York: Architectural Press, 1994.

[7] 史蒂西. 建筑表皮 [M]. 贾子光，张磊，姜琦，译. 大连：大连理工大学出版社，2009.

[8] 胥茨，齐伯. 2011 年深圳世界大学生运动会体育中心设计 [J]. 建筑学报，2011（9）：60-61.

[9] 霍尔曼. 案例研究：一个绿色图书馆，柏林自由大学文献学图书馆 [J]. 李菁，译. 世界建筑，2013（3）：31-35.

[10] 袁烽，里奇. 建筑数字化建造 [M]. 上海：同济大学出版社，2012.

[11] 陈颖，周泽渥. 数字技术语境下的高精度设计控制——凤凰中心数字化设计实践 [J]. 建筑学报，2014（5）：24-29.

作者简介

孙明宇 哈尔滨工业大学建筑学院博士研究生
刘德明 哈尔滨工业大学建筑学院教授，博士生导师
董 宇 哈尔滨工业大学建筑学院副教授，硕士生导师

A FEW REFLECTIONS ON THE DEVELOPMENT OF PUBLIC SPORTS FACILITIES IN CHINA'S MODERN CITIES BUILD ENVIRONMENT
对在当代中国城市建筑环境中发展大众体育设施的几点思考

廖含文 | Liao Hanwen

一、引言

现代体育运动是随着人类社会的进步而逐步发展起来的，以强身健体、锻炼心智和拼搏奋斗为特征的一种社会文化现象。一般认为现代体育分为三大组成部分：学校体育、竞技体育和大众体育（亦称为群众体育或社区体育）。学校体育关注体育教育，是现代教育体系的重要篇章；竞技体育注重竞争和展示，因而能够不断挑战人类生理极限，展现运动之美和进取精神；大众体育则重视普及性和参与性，是现代社会增强人民体质、构建健康生活的关键要素。

从体育社会学的角度来看，竞技体育和大（群）众体育之间的关系是学者们长期以来一直讨论的基础理论问题，一个国家对体育事业的规划和定位在一定程度上是对"竞群关系"认知的反映。[1]中华人民共和国成立以来的很长一段时期内，为了树立体育强国形象和争取"国际体育话语权"，我国实行了"以竞技体育为先导"的体育发展战略，从资源配置到训练、比赛场馆建设都有较多倾斜。另一方面，无论是出于对塑造地方形象的考虑，还是希望利用大型体育赛事为触媒来促进当地的社会和经济发展，中国各地近年来都致力于兴建大型的专业比赛场馆。据统计，截至2010年中国各类正规体育场地总数已超过100万个，与第五次全国体育场地普查数据相比增长了近20%。[2]

然而，与竞技体育相比，中国的大众体育发展明显滞后。根据2007年国家体育总局发布的《中国城乡居民参加体育锻炼现状调查》报告，经常参加体育锻炼（根据国际通行定义，指每周参加3次以上，每次锻炼持续时间在30分钟以上）的人数比例只有28.2%，比英美国家低大约10个百分点①。2010年国家教育部公布的《全国学生体质与健康调研结果》显示，对比2000年和2005年的调查结果，中国大学生（19～22岁年龄组）在速度、爆发力、力量、耐力素质水平方面继续下滑，而各年龄组患近视、肥胖和龋病的比例都继续攀升②。另据新华社报道，近日由中国保健协会公布的一份中国人群健康监测报告显示中国处于亚健康状态的人群比例高达77%，估计有7亿之众。[3]由此可见，深刻影响着全民健康的大众体育事业依然任重道远。

关于在中国如何更好地发展大众体育和大众体育设施，学界已有很多论著，决策层也有很多实践。本文在简要回顾并总结中国在当前快速城市化背景下发展大众体育主要思路的基础上，重点分析所面临的问题，并思考如何在当前中国城市环境中发展大众体育设施。

二、中国大众体育的发展思路

中国大众体育的发展经历了几个阶段。在中华人民共和国成立后很长一段时期内，中国体育事业施行全民制，由国家统一管理并服务于"赶超型"社会主义现代化建设目标，大众体育更多地被视为竞技体育的基础和补充。随着改革开放和市场经济制度的确立，中国的社会结构发生深刻变化，大众体育也经历了社会化转型。1986年中华人民共和国国家体育委员会制定了《关于体育体制改革的决定（草案）》，将各行各业的体育工作交由各行业的主管部门负责，各系统开始建立自己的体育联合会或体协来开展活动。至20世纪80年代末全国共组建了4 000多个基层体协，49万多个基层业余运动队，18万多个体育锻炼小组，组织了4 600多万名职工投身体育锻炼，占职工总数的30%。[4]

20世纪90年代初期，在总结大众体育发展经验教训的基础上，国务院于1995年颁布了《全民健身计划纲要》，对群众体育的组织领导、目标任务、实施步骤进一步做出了明确规定，并提出"体育场地设施须纳入城乡建设规划""落实国家关于城市公共体育设施用地定额""各种国有体育场地设施都要向社会开放"等要求。1995年《中华人民共和国体育法》的颁布实施，更从法律层面上明确了大众体育社会化发展的方针。至21世纪初，全国共成立各级体育社会团体5万多个，会员866万余人，基本形成了由省市、区县和街道不同层级构成的覆盖全国的社会性群众体育组织网络。[4]中国城市中逐步出现了由群众自发形成的各类体育活动锻炼点和民营健身娱乐服务机构，个人和家庭体育消费支出稳健上涨，群众参与体育活动呈现出目标多元化和内容多样化的发展趋势。

中国发展大众体育的思路总体来说可以归纳为以下几点。首先，在组织制度上是以基层体育群众组织为依托，指导并开展群体性体育活动，这些体育组织包括基层的辅导站、运动队、俱乐部和体育协会等，由各级体育行政部门和地方政府下设的文体督管单位（如镇文体站）负责协调和管理。其次，在财政方面以体育彩票收益金和财政配套拨款为资源进行群众体育基础设施建设。据统计，截至2004年底，利用体育彩票收益金共在城市和农村乡镇新建全民健身工程5 600多个、匹配全民健身路径23 000多条、乒乓球台6 000个、篮球架14万副、体质测试器材3 000余套。[4]第三，在体育空间方面以居住区（或小区、组团）为单位布置和配套运动场地。现行《城市居住区规划设计规范》规定城市居住区文体设施的用地面积为每千人225～645 m²，建筑面积为每千人125～245 m²。2005年编制的《城市社区体育设施建设用地指标》也规定了不同规模的人口社区应有的体育场地面积。全国很多居住社区都据此建设了户外健身园，配备了标准的健身器械。第四，在城乡居民文体消费持续增长的背景下，以商业性体育项目来推动大众体育的发展。以北京为例，21世纪初各类经营性体育娱乐场所已逾5 000家，产值达到52.9亿元人民币，占全市GDP的1.7%。[4]健体娱乐性建设项目成为投资热点，有力地推动了大众体育产业的可持续发展。最后一点，通过向社会开放专业体育场馆和学校体育设施补充群众运动资源。专业比赛场馆和社会共享可以实现"平赛结合、以体养体"的场馆建设目标，而各类学校体育设施则为公众提供了一个庞大的体育活动资源网络。

三、中国大众体育发展面临的问题

中国大众体育的发展思路是改革开放30多年以来逐步形成的，为促进全民健身运动、提高体育人口比例发挥了重要作用。然而多项研究表明，即使在后奥运时代的今天，中国的大众体育仍然未能摆脱发展水平较低、资源相对匮乏的困境。正如笔者在2011年第11期《城市建筑》中撰文所指出的，平民化运动场地不足、分布不均衡、场地正规化程度低、锻炼环境易受气候和地形等限制条件干扰，是阻碍中国大众体育发展的主要因素。

当前，中国已进入全面城市化的发展阶段，2012年城市人口首超农村，已达6.91亿。按照第六次全国人口普查的年龄构成比例计算，16~60岁的城市人口数量约为4.8亿（占70%），这是一个可与欧盟27国全部人口相匹敌的庞大数字。若目标体育人口为此基数的30%，则为1.45亿。比对前文可知，目前全国加入基层体育社团的人数还不到这一数字的1/10。基层体育社团多为自发形成的非正规组织，聚散无常，虽有利于在小范围内组织群体活动，却难以有效引领全民进行日常健身运动。另一方面，在国家体育经费仍然主要用于发展专业体育的情况下，单靠每年几亿元人民币的体育彩票收益金来为1.45亿人口建设日常锻炼的运动场地和设施也显得杯水车薪。体彩项目因此多带有试点性质和示范色彩，难以为全民健身工程提供全方位支持。最值得注意的是，涉及大众体育设施建设和管理的技术法规指标粗简、约束力弱、监管不严格是造成中国城市社区普遍缺乏大众运动空间的首要因素。《城市居住区规划设计规范》将文化和体育设施合在一起进行指标控制，只规定了"文体设施"所应满足的千人用地指标和建筑指标，没有明确体育空间应该达到的标准，更没有要求社区必须给居民提供室内运动场所，以致有些小区以图书室、棋牌室、台球室等文娱设施代替可提供更高强度运动的室内体育设施。《城市社区体育设施建设用地指标》虽规定了人口规模为3万~5万的社区（标准社区）中宜集中设置一处包含室内外运动场地的社区体育中心，但条文措辞用的是约束力较低的"宜"字而非更加严格的"须"字或"应"字。此外，缺乏有效监管和奖惩措施也经常导致开发商将图纸上规划好的体育设施在实施阶段改为商业用途以增加资本收益。

利用专业比赛场馆和学校体育场地开展大众体育听上去虽不失为一个有效举措，但在操作层面上亦存在诸多问题。比如中小学的运动场地向社会开放则须兼顾安全、管理和维护费用等因素。学校设施向社会开放的前提条件是不能影响正常的教学秩序，因而很多学校选择只在双休日和公共假期开放校园，无法满足公众对早晚锻炼的时段需求。目前，即使在东部沿海发达省份，向社会开放体育资源的中小学

比例仍然偏低（20%~30%）。

专业体育场馆在大赛之后被空置废弃或被改为其他用途的例子很多，甚至很多著名的体育建筑也难逃此命运，如澳大利亚建筑师Kevin Borland设计的1956年墨尔本奥运会游泳馆赛后被改建为办公和教学设施，法国建筑师Roger Taillibert设计的1976年蒙特利尔奥运会自行车赛馆被改造为植物温室等。历史上的奥运会举办城市或多或少都出现比赛场馆赛后经营困难的境况，比如"鸟巢""水立方"，其赛后收益的70%以上来自参观门票和文艺演出而非体育活动。为什么专业场馆难以和大众体育活动相结合？使用和维护成本过高固然是因素之一，然而抛开经济因素不谈，竞技体育建筑追求恢宏场面和舞台效果的本质是它和大众体育设施的根本区别。德国社会历史学家Henning Eithberg在《体育场与城市》一书中曾记载了一个故事：德国哲学家歌德在1786年访问意大利北部城市维罗纳(Verona)时，曾去当地著名的圆形大竞技场参观，该竞技场建于罗马帝国时代（公元1世纪），是保存最好的古代体育建筑，当时可供市民自由出入，歌德注意到在竞技场外几百米的空地上，有四五千人正聚集在一起观看一场Pal-lone比赛（中世纪在意大利流行的一种4人制球类比赛），歌德在他的日记中问道，为什么这些观众和运动员不愿意使用近在咫尺的体育场来开展活动呢？他进而领悟出，大型体育场更适合让观众体验"震撼的美感"（impressing the people），但当民间可以自由选择活动场所的时候，体育和游戏往往会在更加人性化的空间内展开。[5]

四、中国城市环境下发展大众体育的思考

中国发展大众体育面临的种种问题，不见得都能通过城市规划和设计手段加以解决。然而2007年的《中国城乡居民参加体育锻炼现状调查》报告将体育锻炼场地设施的缺乏列为影响居民参加体育锻炼的首要原因。如何利用规划和设计手段在当前的中国城市环境下为大众提供更加舒适、有效的运动空间是每一位城市设计师应该思考的问题。国家体育总局的调研报告也指出，"生活节奏的加快和工作压力的激增，使得大部分人由于忙于工作而缺乏时间进行体育锻炼"，经常参加锻炼的人"55%选择离住地或单位1 000 m以内的场所进行锻炼①"，表明大众体育设施须体现"就近原则"，可以使人们在最短的时间内解决日常锻炼问题。另一方面，调研也显示，全国体育人口的体育消费人均每年只有593元，绝大部分用于购买运动服装和器材，而不是支付场馆费用②。体育人口中只有16.3%的人每月到收费体育场所进行锻炼②。这表明商业性的健体运动场所虽然是大众体育设施的有益补充，也具有相当的发展前景，但不会成为发展大众体育的主导形式。当然，随着中国社会财富的增长，城乡居民的消费观念和结构也会发生改变，但是在可预见的未来一段时间内，特别在中西部欠发达地区，大众体育的普及不应寄希望于通过经营性体育产业来解决。

大众体育发展的终极目标是使体育锻炼成为人们日常生活中自然的一部分，大众体育设施的规划和设计也应该采用更加简便可行、贴近城乡人民生活方式的思路来进行。体育总局的调研报告发现中国居民喜爱的锻炼项目是健身走、跑步、球类、健身操类、骑车、武术和游泳等。这些项目除游泳外基本都是对场地环境要求小，可利用室

1　　　　　　　　　　　　2　　　　　　　　　　　　3

外公园、广场和空地进行的运动。长期以来中国城市建筑密度规划过高，人均空（绿）地面积较低，且城市公共空间多以大型收费景观园林、大型商业广场或小型社区绿地为主，缺少方便居民免费开展体育运动的街头公园。这样的公园宜采取开敞式设计，并位于几个居住组团的中心，以方便周边居民前往游憩。公园应以自然绿地为主，以造景元素为辅，面积3～6 hm²，以便布置漫步道和健身路径，还可以和免维护型露天球场（或多功能空场）结合设计。这样的公园除用于大众体育锻炼外，还有利于城市防灾疏散、纾解城市肌理、改善城市微环境、美化城市景观、提升周边土地价值，将成为未来城市设计的一个重点（图1）。

另一个可以考虑的措施是在城市主要街道旁结合人行道或道旁绿地设置专门的"长跑路径"，以不同颜色的铺地或材料加以区别。城市长跑步道的路线设计应注意避免和其他交通行为混流，尽量减少穿越交通繁杂地段、人流密集区域和大型交叉路口，可以是闭合环路，也可以将城市景观带串联起来（如沿江、沿湖堤道，公园内路径等），以增加长跑的舒适性和趣味性（图2，图3）。体育管理部门可以定期发布标有城市所有长跑路径的地图或在街头设置指引标牌以方便居民辨认。

在发达城市和高收入地区，也可考虑仿照欧美等国家，逐步建设小型的社区体育中心，以提供对专业化要求更高的运动环境。这样的中心应同时包括室内和室外运动场地，以便为多种球类项目、健身和水上运动服务，并宜采取结构简洁、经济耐用、易于维护的建筑形式和铺装材料。根据国外的经验，社区体育中心的建设和维护应纳入市政发展计划，或得到一定的市政监管和财税支持，而不是简单地依赖开发商。发达国家在发展小型社区体育中心方面起步较早，有很多有益的经验。英格兰体育局（Sport England）开发出了一套基于Excel表单的社区体育中心辅助规划程序，称为"体育设施计算器"（Sports Facilities Calculator），可以根据社区的人口数量、人口构成比例、经济发展指标和体育运动传统等参数简要计算出未来社区体育中心需要提供的各类设施的合理指标和经费预算。虽然运算结果只是一套参考数值，但是这样的理性规划方法有助于保证当地体育设施的充足，又可以避免过度投资，值得我们在工作中借鉴③。

最后一个值得建筑师关注的问题是，随着城乡居民生活水平的提高，在一些有条件的家庭中开始出现利用居室空间进行体育锻炼的现象。过去在专业健身房中才能看到的一些健身器材（如跑步机、自行车机、抻拉器等）如今已走入寻常百姓家。这些健身器材尺寸不大，如跑步机大概只需要占用180 cm×80 cm的面积，可以方便地置于客厅或

封闭阳台中，为体育锻炼提供了更便捷的模式。设计师在进行住宅设计的时候也应对这一新的居住需求加以考虑，如适当增加起居空间的面积、考虑健身器材的摆放位置、在封闭阳台内安装电源接头等。

五、结语

大众体育的发展对改善生活质量、增强人民体质、促进社会和谐具有重要作用。改革开放以来，中国的大众体育发展取得了长足进步，但仍然面临着很多问题，普及程度与发达国家相比也有不小的差距，应当引起包括城市、建筑设计界在内的社会各界的重视。当前，中国城市正处于快速发展和变化时期，面临着前所未有的机遇和挑战，探讨在当前城市环境下如何更好地建设大众体育设施具有现实意义。

1　日本大阪市的一个专业棒球场废弃后被改造为一个城市住宅项目
2　美国佐治亚州的一个城市公园内的长走（跑）步道和自行车道标志
3　美国波士顿市的一处开敞式城市公园

注释

①参见：国家体育总局网站：http://www.sport.gov.cn/n16/n33193/n33208/n33418/n33583/1010482.html。

英国统计数据参见 Sports England 相关网站。

②参见：中央政府门户网站：http://www.gov.cn/gzdt/2011-09/02/content_1939247.htm。

③该程序可以登录英格兰体育局的官网免费下载（参见：http://www.sportengland.org/calculator）。

参考文献

[1] 谈群林，黄炜. 建国以来我国竞技体育与群众体育关系研究述评 [J]. 首都体育学院学报，2009（5）：532～570.

[2] 胡斌，高立. "建" "用" 结合的设计理念初构——国内大型体育赛事场馆赛后利用思考 [J]. 城市建筑，2011（11）：35～37.

[3] 中国保健协会，国务院国有资产监督管理委员会研究中心. 中国保健用品产业发展报告 No.1[M]. 北京：社会科学文献出版社，2012.

[4] 常华，周国群. 我国群众体育的历程及发展走势 [J]. 体育与科学，2009（5）：36～39.

[5] Bale J, Moen O(eds.). The stadium and the city[M]. Keele University Press, 1995.

作者简介

廖含文　北京工业大学建筑与城市规划学院讲师

RESEARCH ON HARBIN'S OUTDOOR LEISURE SPORT SPACE DESIGN ON THE VIEW OF SPORTS GEOGRAPHY
基于体育地理学视角的哈尔滨户外休闲体育空间设计对策研究

李玲玲　张翠娜 | Li Lingling　Zhang Cuina

国家自然科学基金项目（编号：51178130）

全民健身运动的开展和对健康的日益关注使人们越来越重视户外休闲体育活动。户外休闲体育活动是指人们在闲暇时间为增进身心健康、丰富生活情趣而进行的室外身体锻炼活动，提供相应活动的设施与场所被称为户外休闲体育空间。目前，国内外对户外休闲体育空间设计的研究越来越多，但诸多研究都是从公共卫生学、体育学、建筑学等单一学科角度开展的，少有从相对综合的角度去考虑相关问题的研究。本文试图从体育地理学这一涉及范围广阔且内容综合的学科角度，基于调研分析，来研究户外休闲体育空间的设计对策。

一、体育地理学对体育设施规划与设计的启示

体育地理学诞生于20世纪的美国，以John Bale、John Rooney等人的研究为代表，[1、2]是研究体育项目、体育人才、体育运动的场所和空间等体育文化与气候、区位、自然环境、城市环境等地理学因素之间关系的学科。中国在20世纪90年代开始出现对于体育地理学的研究，以田至美、史兵、蔡玉军等人的理论探索为代表，[3-5]包括体育地理学的理论体系、研究方法和体育运动场所的空间布局等内容。其对体育运动场所和空间的规划设计有如下启示。

1. 规划层面的启示

其一，体育地理学的"体育中心地"理论指出，体育空间的分级与布局规划受其服务范围、服务人口的影响。如图1，大小不等的六边形表示在其中心的体育空间的服务范围边界，体育空间的级别越高，其服务范围越大，服务人口越多。在体育地理学范畴内，范围、人口等因素与特定地理条件下人群的体育活动规律与特征息息相关，对某一区域体育空间进行分级与布局需要了解该区域人群的体育活动规律与特征。

其二，体育地理学中将适合于草地、海面湖面和冰面雪面的体育项目分别称为绿色体育、蓝色体育和白色体育，由不同的自然地貌催生不同的体育项目和景观，也因此形成不同的体育空间类型。同样，城市中不同的路径型空间、广场型空间等也形成了适于散步、跑步或

舞蹈等特定类型的体育空间。由此可见，自然地形地貌、城市肌理等地理因素对体育空间类型具有决定作用。

2. 设计层面的启示

其一，体育地理学的研究认为，体育活动方式的演变也会带来体育空间形状、功能等设计内容的变化（图2）。由于体育活动方式受到特定气候环境、人群背景等影响，体育空间的形状、功能等设计就受到特定区域气候下的体育项目和体育人群身体条件、社会背景、运动喜好的影响。

其二，体育地理学的研究认为体育场所环境受体育运动者感知与需求的影响。运动者受到地域、气候、社会地位等因素的影响，其心理感知与行为需求模式会有所不同，从而影响到体育空间的尺度、舒适性、归属感等细节的设计。

综上所述，体育空间的规划与设计受到体育活动规律与特征、自然环境与城市肌理等地理条件、体育项目活动方式、体育运动者感知与需求等因素的制约。本文由此入手，采用现场测量和问卷访谈等方法，对当前哈尔滨户外休闲体育空间的相关问题进行研究，以期归纳形成相应的设计对策。

二、哈尔滨户外休闲体育现状分析

1. 大众休闲体育活动与项目

（1）休闲体育活动规律与特征

调研①结果分析显示，哈尔滨大众户外休闲体育活动的开展，参与频率主要分为每年1次、每3~6个月1次以及每周1次及以上三个层次（图3），活动范围分别对应城郊风景区、城市大型公园或游览区和住区周围的开放空间（表1）。

（2）休闲体育项目

哈尔滨大众户外休闲体育项目主要有散步、跑步、器械健身、广场舞、乒乓球、羽毛球和爬山游览等。从图4中可以看出，活动项目中既有大众常见项目，也有本地特色冰雪项目。

2．休闲体育空间分析

（1）空间类型分析

按照空间形状和提供项目划分，当前哈尔滨户外休闲体育空间有路径型空间、空地型空间、专业场地空间和游览型空间四种类型，不同空间类型适合不同项目（表2）。

按照城市居住小区空间肌理和位置划分，哈尔滨住区周围的休闲体育空间分为无中心广场型、有中心广场型、临近公园型和临近校区型四种类型，四种类型空间体育设施配置差异较大（表3）。

（2）空间问题分析

通过问卷访谈的方式，我们收集了大众对体育休闲空间现存问题的反馈，主要包括：体育健身设施缺乏、面积不足；服务设施不足；环境卫生及维护差；寒冷气候影响健身和存在不安全因素等（图5）。

三、设计对策

基于上述理论指引及现状分析，本文归纳出针对哈尔滨大众户外休闲体育空间的如下设计对策。

1．构建层级网络——以尊重环境肌理为原则

根据哈尔滨的自然环境和城市肌理构建户外休闲体育空间网络，满足不同年龄、不同区位的大众在不同时间的多种休闲健身需求。

（1）网络结构

在体育地理学空间布局假想模型基础上，依据大众参加休闲活动的调研结果，将原有模型分离、变形，得出哈尔滨休闲体育空间模型，该模型中体育空间分三级网络设置（图6）。

依据哈尔滨周边自然环境和城市肌理，对该空间网络模型详细阐述如下：网络层级由高到低（一级至三级）分别为城郊体育空间、城区体育空间和社区体育空间。一级网络提供大众在假日期间的休闲体育活动场所，空间位置定位于二龙山、天恒山、长岭湖、长寿山等市区周边的风景区和森林公园，以游览型空间为主；二级网络提供大众在周末的休闲体育活动的场所，空间定位于太阳岛、植物园、江北湿地公园、群力湿地公园、群力体育公园、兆麟公园、文化公园等，空间类型包括游览型、专业场地、空地及路径型多种；三级网络提供大众日常休闲体育活动场所，空间定位于居民楼下、小区空地、小区广场、住区周边的高校或事业单位院内、住区周边的城市广场和小型公园，空间类型以路径型、空地型和专业场地为主。各级空间的服务半径、体育项目、服务人群等属性如表4。

（2）一、二级网络空间设计

一、二级网络空间设计应以尊重自然地形地貌和自然气候环境为主。

尊重自然地形地貌是要结合城市内及周边的山体、江河、湿地等自然环境设置不同类型体育空间：沿松花江、马家沟、信义沟设置滨水体育空间；利用江北湿地、群力湿地设置湿地游览空间；利用二龙山、天恒山等设置爬山、攀岩空间；利用植物园、长岭湖设置绿色游览空间等。

尊重气候环境是指结合哈尔滨寒地气候设置特色冰雪体育项目空间，如以冰雪游览为主的冰雕和雪雕游览空间，以滑雪项目为主的滑雪空间等。以滑雪为例，应在冬季充分结合城郊、城区内的山体和大

表1 哈尔滨大众休闲体育活动范围、频率和空间示例

活动范围	空间示例	活动频率
城郊风景区	二龙山，长寿山	1次／年
城市内大型公园或游览区	太阳岛，湿地公园，儿童公园，文化公园，农业生态园等	1次／3~6个月
住所附近区域	楼下空地，小区广场，住区周边校园、单位大院，小型城市公园、广场等	1次及以上／周

表2 哈尔滨户外休闲体育空间类型、示例及适合项目

空间类型	适合项目
路径型空间	散步、跑步、单车骑行等
空地型空间	广场舞、健身操、武术、太极拳、健身器械、滑冰等
专业场地空间	乒乓球、羽毛球、足球、篮球、滑雪等
游览型空间	划船、爬山、攀岩、风景游览等

表3 哈尔滨不同类型住区的休闲体育空间示例与现状

住区体育空间类型	空间现状
无中心广场	无场地、无器械，空间极度匮乏
有中心广场	有场地、有庭廊、无器械，空间面积不足、品质不佳
临近公园	个别小区内部健身设施匮乏，在公园依托下健身空间较丰富，公园健身空间有待提升
临近校区	散（跑）步空间、球类设施、健身场地等设施充足，儿童空间、辅助空间有待提升

表4 哈尔滨各级体育空间属性一览表

体育空间	空间类型	服务半径	体育项目	服务人群
城郊体育空间	游览型空间	距哈尔滨市区2~3 h车程范围	爬山、攀岩、垂钓、划船、滑雪、滑草	中老年、中年、青年、少年、大龄儿童多个年龄层
城区体育空间	游览型、路径型、专业型、空地型空间	哈市范围内1 h左右车程范围	游览、野餐、划船、器械活动健身、游乐休闲、休闲滑雪，重点设置中青年项目和儿童项目	覆盖从小龄儿童到65岁以上老人的所有人群
社区体育空间	路径型、空地型、专业型空间	15~20 min步行范围	休憩、散（跑）步、棋牌、健身器械、健身舞（操）、练剑打拳、儿童游乐器械等，重点设置65岁以上老年和小龄儿童项目	人群以中老年和儿童为主

型公园等空间均匀、广泛布置。

（3）三级网络空间设计

三级网络空间设计应尊重城市现状肌理，根据调研结果中不同类型住区体育设施差异较大的现状，针对不同类型住区，采取不同的设计目标和对策（图7）。

2．完善功能设施——以尊重大众需求为原则

对于各级体育空间的功能设施设计，应充分尊重大众的意愿和需求，本文根据调研结果中大众反映的问题，从以下方面提出设计对策。

（1）主要功能设计

面对大众反映的设施面积严重不足和城市用地紧张的问题，主要的休闲体育设施应发展节地、通用型项目和设施。节地型设施如五人制足球、三人制篮球等小面积场地。通用型设施如亭廊空间、空地和散步小径。亭廊空间既可以休息闲谈，又可以开展棋牌活动；空地可

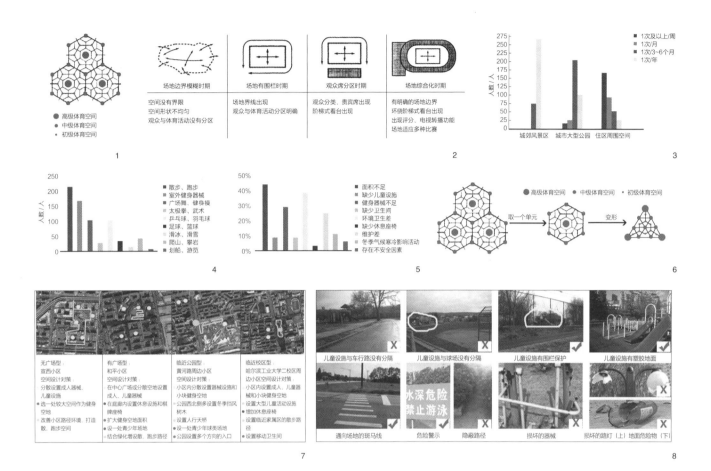

1

2

3

4

5

6

7

8

以满足广场舞、健身操、太极拳、冬季滑冰等多种体育项目；散步小径既可以游览，又可以进行走跑活动。

（2）辅助功能设计

除了设置主要体育设施外，休息、饮水、景观等设施的设置也必不可少，应完善卫生间、售卖亭、座椅、阅读展览栏板等辅助功能，加强水景观、植物景观、建筑雕塑等景观设计，增加体育空间的吸引力。

（3）设施安全设计

保障大众在健身时的人身安全至关重要，应从以下几方面考虑：儿童活动和跑步路径等空间设置弹性地面；不同人群活动设置一定分区，儿童区域可以设置围栏；危险处设警告牌，避免出现隐蔽的路径和空间；减少器械和路灯损坏情况；避免地面出现碎玻璃等危险物等（图8）。

结语

从体育地理学视角出发，可以更加综合地看待特定区域休闲体育空间的规划设计问题，而从调研与统计分析入手也是目前国外研究特定区域居民户外休闲体育活动空间普遍采用的方法，本文即基于体育地理学视角调研哈尔滨户外休闲体育空间现状，并归纳形成设计对策，以期对其他地区此类空间设计有所帮助。

1 体育空间分级布局假想图（图片来源：根据 John Bale 所著 Sports Geography 一书整理绘制）
2 因观演方式和功能活动变化导致的体育场平面设计变化（图片来源：根据 John Bale 所著 Sports Geography 一书整理绘制）
3 大众休闲体育活动频率分布（图片来源：作者自绘）
4 哈尔滨大众户外休闲体育项目统计（图片来源：作者自绘）
5 大众反映当前哈尔滨休闲体育空间存在的问题（图片来源：作者自绘）
6 哈尔滨休闲体育空间模型生成（图片来源：作者自绘）
7 四种类型住区休闲体育空间不同的设计对策（图片来源：作者自绘）
8 设施安全设计示意（"√"为可行，"×"为不可行）（图片来源：作者根据 Brain E. Saelens 的研究 EAPRS Picture Guide 整理）

注释

①分析结果来源于本文作者于 2013 年 5 月～ 8 月所做问卷调研，本次问卷共于城市公园、广场、住区等处随机发放 400 份问卷，收回有效问卷 346 份。

参考文献

[1] BALE J. Sports Geography[M]. 2nd ed. London: Routledge, 2003.

[2] ROONEY J. Sport from a Geographic Perspective[C]//BALL D W, LOY J W. Sport and Social Order: Contributions to the Sociology of Sport. Boston: Addison-Wesley, 1975: 56.

[3] 田至美. 体育服务设施的空间组织优化问题 [J]. 人文地理，1995（2）：67-71.

[4] 史兵. 关于体育地理学研究内容的讨论 [J]. 西安体育学院学报，2006（1）：1-5.

[5] 蔡玉军，刘芸，刘宇. 体育地理学微观研究理论框架的设计 [J]. 上海体育学院学报，2012（3）：38-41.

作者简介

李玲玲　哈尔滨工业大学建筑学院教授，博士生导师

张翠娜　哈尔滨工业大学建筑学院博士研究生，哈尔滨学院讲师

A STUDY ON INTEGRATION DESIGN OF THE SPORTS ARCHITECTURAL GROUP IN UNIVERSITIES

高校体育建筑群集中一体化设计研究

王沐 | Wang Mu

近年来国内新建的城市体育建筑以其独特、醒目、巨大的流线型体量越来越明显地体现出英雄主义倾向。而高校体育建筑的设计出发点和方法，应与之有所差别，毕竟中小型体育建筑若沿用城市或区域性体育建筑的设计手法，将造成土地和建设成本的巨大浪费。

结合近期在参与高校体育建筑具体设计实践中的思考，作者认为下述几大要素决定了集中一体化的设计方向。

一、适应集约用地现状

与城市级别的大型体育中心用地相比，中小型体育建筑的用地规模往往受到很多限制。高校体育建筑的建设需遵循《普通高等学校建筑规划面积指标》（下文简称92指标）中的生均体育建筑面积进行规模控制。以一个占地1 500亩（100 hm²）的大型高校为例，1.5万学生，风雨操场的生均指标0.34 m²/人，[1]计算可建设体育建筑总面积仅为5 000 m²左右；2008年对该指标进行的修订建议体育设施用地为4.7 m²/人。去除两片标准400 m田径跑道（1.5万m²/片）、标准配置的篮球和排球训练场地之后，用于体育场馆的建设用地已经捉襟见肘。面对这一条件限制，集中一体化是有效的设计方法之一。

作者参与设计的河南理工大学综合体育馆，位于焦作市河南理工大学新校区。校区占地面积2 700余亩（约180 hm²），体育规划用地集中在东侧，后期调整规划设计时又在其中布置了图书馆和学术活动中心，最终体育净用地为220余亩（约15 hm²）。为了保证室外场地的数量，和校方商议，最终决定将体育馆、训练馆、体育场东看台结合为一个有机的整体。这个小型"体育综合体"包括5 000座固定席位的体育馆、4 000座的体育场东看台、两座训练馆（包括两片室内标准网球场、球类馆和体操训练馆），充分满足了学校对于室内运动场所、专业赛事场所和礼仪集会场所的要求。

为了使"综合体"形象统一大气，依据不同空间高度需求设计了行云流水般的屋顶，以形成较完整的形体。为了体现建筑的形象价值，并改善室内光环境，借鉴传统建筑的"三重檐"，设计了层层跌落的屋顶，极富标志性。虽然一般情况下体育场和体育馆不会同时使用，但设计中仍考虑了极端情况下的密集人流疏散问题。体育场设计有两个专属大台阶，并且与体育馆共用疏散平台，其中共用的两处大通道也成为两侧训练馆的专用通道，可以在体育馆主馆闭馆的情况下独立使用。

有一个设计误区需要被指出：由于对高校体育建筑的研究不足，很多高校大型体育场都沿用城市级体育场的做法，将主看台设在西侧。事实上，城市级赛事开幕和重要比赛为了照顾公众观赛和电视转播都在下午开始，在西侧设置看台可避免主看台观众被晒。而国内高校赛事开幕和比赛一般都在上午，因此东看台更为重要。本项目体育场西、南、北三面看台建设在前，"体育综合体"建设在后，我们将体育场的主席台定在东看台，设计了较为高端的石材墙面，并适当扩大罩棚覆盖范围，在大型赛事时还可利用体育馆的贵宾设施，因而从功能到形象均获得甲方的高度评价。

从本案例可以看出，建筑群的集中一体化设计，需要保证密集人流高效、便捷的疏散，并且各功能间应该互相融合支持。

二、实现场馆功能共享

高校体育建筑的体育场多设置3 000~15 000个观众席，以校级运动会、大型集会、健身为主要服务目标；体育馆多设置3 000~6 000个观众席，以全国高校运动会、大型集会和健身为主要服务目标；游泳馆则对观众席数量要求较低，以健身为主要服务目标。此三处场馆同时召开大型综合运动会的机会几乎没有，所以，其人流疏散、附属功能专业化、安保及接待力度远远小于城市级别体育场馆。因此，三处场馆赛时附属功能的共享需求更为明显，并明显向健身运动功能倾斜，使其集中一体化设计价值更高。

作者在昆明理工大学呈贡校区体育中心的设计中，将体育馆、游泳馆和体育场设计在同一个综合体内，围绕一条体育"天街"和一座架在大平台之上的学生活动中心布置，大平台中央的下部为一个开敞的架空广场。其比赛接待和附属功能主要集中在位于基地北侧的体育馆内，在任何一馆举行大型专业赛事时，位于中央的学生活动中心即作为组委会办公场所，有直达通道通向各馆；运动员、裁判和媒体集中使用体育馆内的相关服务和热身设施，再通过平台下的架空广场（赛时封闭，与观众隔离）到达赛场，这样使得体育场和游泳馆不必重复建设相关专业设施，仅需设置简化休息设施即可；观众则通过连接三者的中央大平台到达观众席。这样的集中一体化设计，设施共享性强，将可用空间最大限度地设置为健身空间。值得一提的是，除了体育馆内的专业运动员休息室和贵宾接见厅之外，其他媒体用房、新闻发布用房、裁判用房等功能房间在平时都作为健身空间，使得健身空间比重达到惊人的83%。

在高校体育建筑的实践中我们发现，简化、减免部分赛事附属用房仍能满足赛事使用的需要。我们减去了如赛事数据转播类机房专用的房间，转而在侧门厅设置数据接口和专用电源。在实际电视转播时，直播专业车辆开到体育馆边，接上数据接口和电源即可开展工作。

三、塑造雄浑建筑形象

由于使用倾向和赛事级别限制，高校体育建筑的规模往往并不庞大。即使举办运动会、典礼、集会时人员数目庞大，但相应的附属设施、人员分流及安保要求无法与高级别赛事相提并论。因此，其体量与城市大型体育设施必然有很大差距。以同样座席数量的体育馆做比较，5 000座规模的专业运动会体育馆，配套专业热身场地，以及运动员、媒体、贵宾、组委会、安保等一系列服务设施之后，面积往往达到3万~5万 m²，而5 000座规模兼作礼堂之用的高校体育馆，面积达到1.2万~1.8万 m²即可满足使用，而且还能提供约75%的室内空间用作训练功能。体育场的罩棚和看台投资巨大，由于在数量极少的赛事之外往往不做他用，所以国内高校体育场很少有四面看台，且规模都很小。游泳馆基本不做座席要求，尺度也相对较小，跳水馆更是极为少见。

此三类场馆，如果分散布置，除了难以形成规模的优势之外，更不容易实现资源共享。将多馆集中一体化设计，既易于塑造体育建筑的体量、力度和雄浑之美，又弥补了功能分散的劣势。上海大学体育中心是国内高校最早一批现代化的体育中心，设计于2000年。体育中心位于上海大学新校区东北角，建筑面积35 122 m²，[2]包括体育馆、训练馆、游泳馆等，其中体育馆建筑面积10 196 m²，设座席4 200个。上海海事大学体育中心总建筑面积26 643 m²，[3]是由体育训练馆、体育比赛馆、游泳训练馆、游泳比赛馆和联系各馆之间的连廊平台组成的花瓣式综合体，其中体育比赛馆11 067 m²，设座席4 000个。两者的单项场馆都属于丙级小型馆，单体建筑无论是体量还是高度均不具备太强的标志性，但是集中一体化设计放大了建筑的尺度，产生了强烈的视觉冲击。

四、引导行为模式

高校体育建筑，除基本的健身功能之外，更具有混合健身使用的特色和促进人群交流的作用。因此，其一体化的需求更为明显。

国外体育建筑同样是使用纳税人的资金建设的公共投资项目，但其与资本（俱乐部、城市综合开发）结合得更为紧密，商业取向更为明显，在行为模式的引导上更具特色，一体化综合开发的趋势更为显著。如AEDAS凯达环球在洛杉矶的NFL（橄榄球联盟）运动中心及城市更新设计中，以一座商业综合体作为体育场的延伸，其造型也摈弃了自罗马斗兽场以来体育建筑严整雄奇的英雄主义外貌，代之以片段式的、游乐场式的商业形象。为了消除过于庞大的体量对人们的压迫感，体育场甚至没有巨型罩棚。同时，看台并不是仅仅属于体育场空间，更成为商业空间的外延。正如设计师所说，这是集奢华、梦幻、艺术为一体的世界娱乐之都，自身形成了相当完整的娱乐、商业和运动产业链，带动了城市更新，引导了人群行为模式。

高校体育建筑的设计，同样可以借鉴这一理念，将体育建筑及其附属设施集中一体化设计，使其成为师生和社区群众的交往场所、运营发展场所、区域带动场所。在昆明理工大学呈贡校区体育中心的设计中，由于用地位于城市与校园交接的区域，设计师将其设计为一个完全开放的空间，并利用一条体育"天街"连接校园与城市，体育"天街"旁边设计了不同类型的健身场所，并与二层平台之上的活动中心相连，提供了大量的健身娱乐空间和交流场所，以期建设一个小型体育之城，辐射校园、大学城和周边城区。

同时我们发现，在统一的序列之下，在方便到达的尺度之内，集中一体化设计更容易满足高校人群健身、交流的基本需求。如河南理工大学综合体育馆，其主馆、网球馆、体育场被集中设计为一体，方便了不同项目的转换，受到热爱体育运动的青年学子的欢迎。昆明理工大学呈贡校区体育中心同样如此，三处场馆围绕学生活动中心，相距不到50 m，其中容纳了足球、游泳、网球、篮排球、保龄球、乒羽球等各类健身场所。

五、结语

面对近些年国内扑面而来的高校体育设施的更新和建设浪潮，应针对其特点，节约土地等多种资源，更大程度地实现共享共生，在节俭节制的前提下，设计更有力度与美感的建筑。

参考文献

[1] 中华人民共和国国家教育委员会. 普通高等学校建筑规划面积指标[S/OL]. （1992-5-3）[2014-08-30]. http://www.mohurd.gov.cn/zcfg/jsbwj_0/jsbwjbzde/200902/P020090226337802509817.pdf.

[2] 上海现代设计集团华东建筑设计研究院有限公司. 上海大学体育中心 [J]. 城市环境设计，2004（1）：86-91.

[3] 张喆，曹国峰，李亚明，等. 曲面网壳风荷载体型系数研究 [C]// 佚名. 第二届全国建筑结构技术交流会论文集，2009：853-857[2014-08-20]http://d.wanfangdata.com.cn/Conference_7084595.aspx.

作者简介

王沐 同济大学建筑设计研究院（集团）有限公司三院建筑师

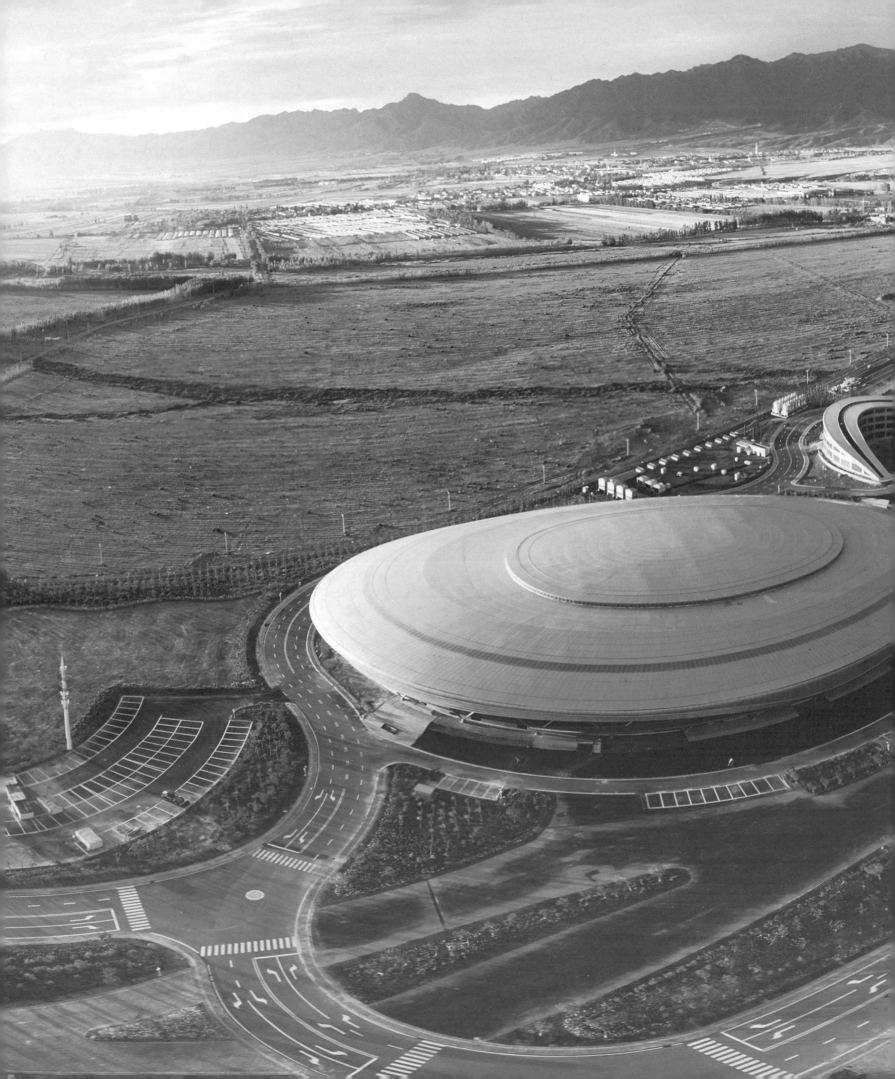

YANGZHOU SOUTHERN SPORTS PARK, CHINA
扬州南部新城体育园

柏涛建筑设计（深圳）有限公司 ｜ PT Architecture design

项目名称：扬州南部新城体育园

业　　主：扬州市临港体育发展有限公司

建设地点：江苏省扬州市邗江区

设计单位：柏涛建筑设计（深圳）有限公司

合作单位：扬州市建筑设计研究院有限公司

用地面积：42 809 m²

建筑面积：33 270 m²

设计总负责：施旭东

建筑专业：展汹涛，孙维，林大平，阚晓锋，徐功祥，林菁

结构专业：宦佑祥，吴栾平

设备专业：孙琪

景观设计：深圳市柏涛环境艺术设计有限公司

施工单位：江苏扬建集团有限公司

设计时间：2016 年

建成时间：2018 年

图纸版权：柏涛建筑设计（深圳）有限公司

摄　　影：高钰，刘理辉

一、背景

中国的快速城市化充满挑战，也为建筑行业提供了前所未有的机遇。经历了2008年国家竞技体育场馆建设的狂欢后，中国的体育建设重点逐渐回归体育运动的本源：为普通群众创造活动和交流的场所。这些新的城市成分不再是过去城市迅猛发展潮流下巨型住宅区和商业区锦上添花的元素，而开始成为引领城区发展的催化剂。

扬州规划以老城保护为核心，建立绿化缓冲带，向外发展新区。南部新城开发区希望充分发挥后发优势，利用新区体育园作为启动点，创造与老城区有联系但又有自身特色的片区，带动城市的南向发展动力。

项目基地位于扬州市南面经济技术开发区内，恰好处于以瘦西湖景区为核心的扬州传统城市中心的中轴线上。

二、策略

相对紧张的用地，如何创造出富有吸引力的公共空间，鼓励人与人的交流？如何提升建筑与景观的互动，创造有历史根源并能代表新城发展的形象？如何定义适合中国未来生活方式的群众体育建筑类型？我们提出了以下策略。

1．聚——集中节地的规划策略

项目用地呈三角形状，四面临路。用地坐拥便利的交通资源，可达性强，且北边紧靠生态廊道，拥有较好的生态环境。在总体布局上，本设计采用大开大合的手法，集中布置场馆体量，节约建设用地，以让出开阔的绿地给城市展示广场及户外活动用地。

2．连——景园一体的景观策略

北侧的"运动森林"为主要的户外活动场地。作为主体建筑与北侧公园的过渡，跑道形成的空间纽带串联了整个空间。围绕中庭在二层有一条空中跑道，跑道同时通过外部的台阶与室外的跑道串联，沿着室内跑道可以观赏室内的体育活动和中庭表演，沿台阶到达室外又可以享受绿化景色，新鲜空气。

3．围——主辅分离的建筑策略

建筑辅助功能如设备疏散等空间安排于体量外沿，围绕主要功能体量布置，从而使场馆内部活动空间更为灵活自由，满足运营中功能变动的需求。这种原型可以追溯到路易斯·康的服务空间和被服务空间的分离，以及皮亚诺和罗杰斯的蓬皮杜中心的设备外置。

4．透——延续传统的文化策略

传统手工艺剪纸为著名的扬州特色装饰语汇。我们将其进行抽象

1 鸟瞰

化的表现，并通过参数化手段在建筑立面上实现传统文化与现代技术的完美融合。

5. 折——体现时代的修辞策略

路易斯·康的服务空间和被服务空间原型在方案中得到进一步发展，服务空间的形象展现不再是次要的和辅助的表达，而是得到了清晰表现自我的机会。这些形式引入了中国文化的要素，提取了古典园林中折廊的意向，将主体功能与辅助功能、室内活动与室外活动、建筑形态和文化内涵融合成一个有机的整体。在材料上我们选择了深灰色铝板，硬朗的现代感充分展现现代体育建筑的性格：动感的能量盒子。

6. 汇——灵活互动的功能策略

相对于竞技体育建筑，群众体育建筑在中国是一种相对新的建筑类型，对体育功能的定义、理解和空间配置方式提出了新的要求。我们提出了泛体育功能的概念，特点是自由空间、交流空间和复合空间：主要活动如多功能厅、泳池、羽毛球、篮球等功能围绕共享中庭布置，最大限度地鼓励不同功能在视觉上和行为上的交流和互动，充分体现群众体育活动的行为特征。中庭为公共复合空间，可以组织社区活动、小型演出等活动，平时可以作为攀岩场地和轮滑场地使用。

三、可持续的设计

城市发展的可持续性——设计一方面延续历史文脉的符号，另一方面成为带动新城区发展的节点。

社会生活的可持续性——设计强调社区优先的体育活动。中国的体育建筑从竞技功能扩展到群众活动功能后，模糊了建筑类型的界限，这种新的类型需要具有传统竞技体育建筑的大跨空间、临时座席和集中人流集散的特点，同时要满足多样化的群众参与和泛体育休闲文化等新生活方式的要求。多功能混搭、复合转换功能，这些将产生新的建筑空间和建筑形式，甚至新的类型。

文化思想的可持续性——建筑学的发展离不开建筑原型的总结和沉淀。本项目继续了对服务空间和被服务空间的原型思考，经过功能化和艺术化，服务空间与建筑表皮巧妙结合。

经济运营的可持续性——运营上以市场运作代替政府补贴。

审美体现的可持续性——立面用现代美学表现传统窗花意象。

环境能源的可持续性——设计结合了光伏太阳能屋面系统和被动式通风等技术，减少能耗，集中规划布局，节约用地。

2

 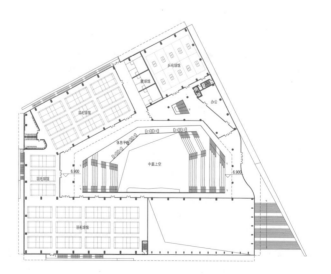

3

2 建筑外立面
3 平面
4 体育园主体建筑

5
6
7

5 入口
6 从广场望向建筑
7 建筑外观细部
8 剖面

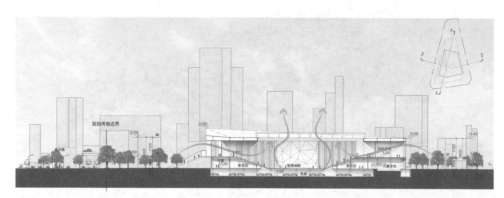

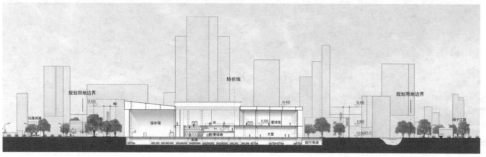

8

9

9　园区景观
10　多功能中庭

10

FUZHOU STRAIT OLYMPIC SPORTS CENTER, CHINA
福州海峡奥林匹克体育中心

CCDI悉地国际设计集团 ｜ CCDI

项目名称：福州海峡奥林匹克体育中心

业　　主：福州市土地储备中心，福州市城乡建设委员会

建设地点：福州市仓山区

设计单位：CCDI 悉地国际设计集团

用地面积：72 hm²

建筑面积：36.67 万 m²

项目负责人：吕强

建筑专业：罗铠，金家宇，高楠，李婷

结构专业：傅学怡，朱勇军，杨想兵，江坤生，廖新军，周颖，高颖，王涛

设备专业：汪嘉懿，邹政达，庄光发，张诗模，兰海民，张淑亚，耿永伟，
　　　　　韩蓓，孙晓娟

室内专业：李秩宇

施工单位：中建海峡股份有限公司

设计时间：2010 年 8 月～ 2012 年 6 月

建成时间：2015 年 5 月

图纸版权：CCDI 悉地国际设计集团

摄　　影：方健，上海广茂达光艺科技有限公司

　　宏大的体育建筑群总是承载着城市对其寄予的厚望：承办赛事、新闻聚焦、展示实力。建筑师在被框定的目标下，竭尽所能去创造一个又一个的作品，并期望能够从空间、功能、科技、材料等方面有所突破，从而推动建筑的迭代与发展。

　　福州海峡奥林匹克体育中心是2015年第一届全国青年运动会的主场馆群，位于福州市仓山区。福州的城市精神是"海纳百川，有容乃大"，所以，这个体育中心的设计主题被明确定义为与大海相关。

　　体育中心用地面积总计约 72 hm²，总体规划在保证竞赛的前提下，最大限度地考虑了场地既有建筑的拆迁计划和项目的施工周期。6 万座的主体育场被设置于场地南侧，以保证最先开工；1 万座的体育馆、4 000 座的游泳馆、4 000 座的网球场呈"品"字形置于用地北侧，其中施工难度最低的网球场及其预赛场、热身场地均被设置于场地东北角，这部分区域由于涉及原住民，拆迁工作是最后完成的；在场地的中间部分，我们设置了一座可以被灵活定义的运营用房，这部分用房在赛时作为运动员的餐厅、媒体工作用房以及一些赛事的临时功能用房，赛后可以进行灵活的功能转换，并满足商业中心的消防疏散要求。

　　大型的高架平台虽然经常被人诟病，但是大型体育中心仍然是解决大型赛事人流与车流问题的最有效方式。在最大的中央平台下的空间均被设计为商业用房，体育场和三馆之间的地下部分被设计为人防用房和地下车库，地下车库与东侧的商业中心连接。设计充分考虑了未来东侧的中央部分可以作为超市使用，使用的人群可以不经过福州暴晒的阳光快速回到车上，保证了舒适度。在体育中心内缩减场馆功能用房，并将其集中设计为商业中心，这在国内已竣工的省级体育中心还是首例。目前，这座商业中心的招商情况良好，经过改造设计之后将很快投入运营使用。

　　体育场是一座以"海浪"为主题的建筑。从二层观众平台螺旋而上的波纹既表现了设计的主题，同时呼应了运动的动感。罩棚没有采用6万座体育场常见的环形全罩棚形式，而是采用了两片罩棚，从空中俯瞰，宛如一个巨大的"海螺"。绿色的草地，洁白的建筑和湛蓝的天空，犹如身处惬意的沙滩。为了使造型与结构完美拟合，这座体育场创新地采用了双向斜交斜放空间桁架折板结构体系，这是在已知

1 鸟瞰

1

2

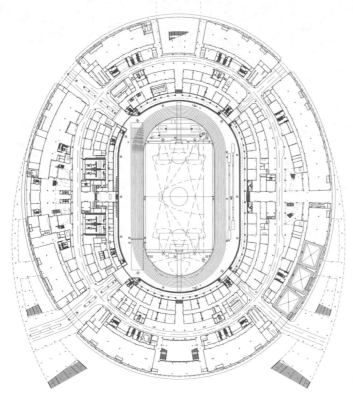

3

4

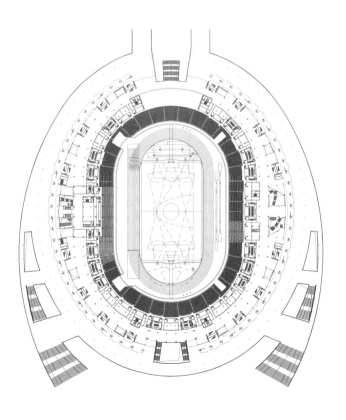

1

2　体育场立面
3　体育场一层平面
4　体育场内景
5　体育场二层平面

5

6

的体育建筑中首次应用。为了满足精致的波浪尺寸要求，体育场屋面所采用的直立锁边系统金属板的转弯半径也被限定于1.5 m，这也是已知的该类材料在实际应用中的最小尺寸。

　　体育馆与游泳馆、网球场采用成组设计的手法，以共同的形象隐喻一只飞翔的海鸥，体育馆就是海鸥高昂的头部，游泳馆和网球场是海鸥的翅膀。

　　体育馆的观众空间被设计为开放空间，人们可以自由穿梭。由于有了遮阳的屋面和半开放的阳光板百叶系统，在不采用空调系统的灰空间内，形成了很好的自然通风条件，温度适宜。当举办大型演唱会

时，这部分空间可以被用作快餐类餐饮用房，而不需要进行任何的拆改，只要把快餐车、冷饮车和简易吧台放进来就好了。

　　游泳馆和网球馆主要考虑未来全天候对市民开放使用，提高使用效率。我们在两座建筑的尾部各设置了一个俱乐部空间，以保证在平时不经过竞赛入口即可对外开放，节约运营费用。

　　建筑的外立面照明采用LED，它们被巧妙地安装在"波浪"的波谷内、海鸥"翅膀"的纹理内、阳光板百叶系统的构造内，同时借助先进的计算机整体控制，可以实现全彩色变化，为城市提供丰富的表情。

6　体育场照明
7　体育场立面细部

8

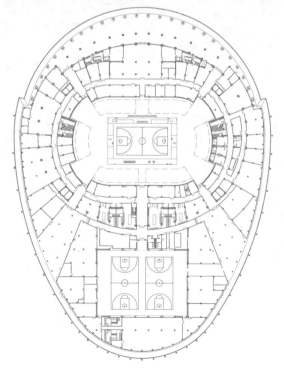

9

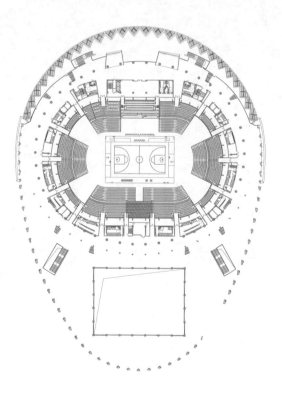

10

12

13

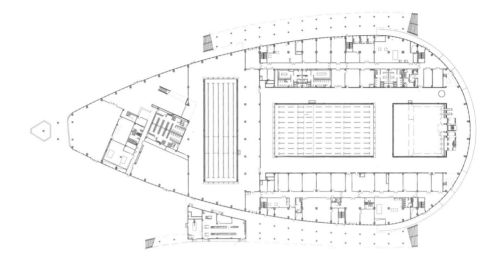

14

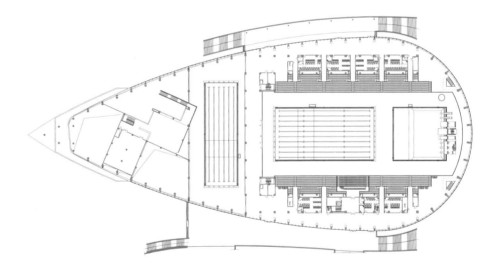

15

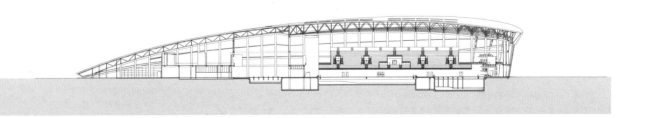

12 游泳馆
13 游泳馆室内
14 游泳馆一层平面
15 游泳馆二层平面
16 游泳馆剖面

16

ERDOS SPORTS CENTER, CHINA: THINKING ON ETHICS AESTHETICS FROM URBAN PERSPECTIVE

鄂尔多斯市体育中心
——城市视角下基于伦理审美的思考

中国建筑设计院有限公司 | China Architectural Design Institute Co.,Ltd.

项目名称：鄂尔多斯市体育中心

业　　主：鄂尔多斯市政府投资工程基本建设领导小组办公室

建设地点：内蒙古自治区鄂尔多斯市

设计单位：中国建筑设计院有限公司

用地面积：85.71 hm²

建筑面积：25.91万 m²

结构形式：钢筋混凝土框架—剪力墙结构体系（看台），空间钢桁架体系（屋面）

建筑层数：体育场地上5层；体育馆地上3层，地下1层；游泳馆地上2层，地下1层

座席数量：体育场60 000座，体育馆12 000座，游泳馆4 000座

设计总负责：崔愷，景泉，李静威，王更生

建筑专业：徐元卿，黎靓，张伟成，栗晗，邵楠，程明，郭正同，张月瑶，吴锡嘉，张文娟

结构专业：尤天直，张亚东，施泓，史杰，刘文珽，宋文晶

设备专业：赵昕，胡建丽，王玉卿，孙淑萍，陶涛，马明，王浩然，李战赠

景观专业：史丽秀，关午军，王洪涛

室内专业：邓雪映，段嘉宾，张亮，董岩

施工单位：中国建筑第六工程局有限公司，内蒙古兴泰建设集团有限公司（体育场），上海宝冶集团有限公司，湖南德成建设工程有限公司（体育馆），河北建设集团有限公司（游泳馆）

主要建材：钢筋混凝土，铝板，石材，玻璃幕墙，直立锁边金属屋面

设计时间：2008年10月

建成时间：2014年12月

图纸版权：中国建筑设计院有限公司

摄　　影：张广源

　　鄂尔多斯市体育中心项目是2015年全国第十届少数民族传统体育运动会主场馆，由中国建筑设计院有限公司设计，在崔愷院士指导下，笔者带领设计团队历时7年完成，创作过程贯穿始终。

　　鄂尔多斯市体育中心包含体育场、体育馆、游泳馆三个主体建筑，体育中心规划用地面积约85.71 hm²，总建筑面积25.91万 m²，可以举办国际单项体育赛事、全国综合性体育运动会及NBA赛事，是集体育赛事、全民健身、文化旅游、商业配套于一体的大型综合性甲级体育场馆。

　　体育场总建筑面积13.43万 m²，座位数6万个，屋盖东西宽300 m，南北长325 m，建筑最高点约79 m。体育场坐落于8 m高的台基上，气势恢宏。综合体育馆总建筑面积7.69万 m²，座位数1.2万个，其中固定座席1万个，临时座席2 000个。游泳馆总建筑面积4.8万 m²，座位数4 000个，其中固定座席2 800个，临时座席1 200个。

　　体育建筑在漫长的历史当中，承担了城市客厅的角色，其存在的意义不单是体育运动本身，更是城市的精神载体。在互联网经济高速发展的当下，体育建筑依然延续了这些精神属性，其体验性、参与性更显得弥足珍贵。如何评价一个体育建筑，除了功能的适用、结构的合理、形式的美观，我们应该同样重视体育建筑与城市的关系。基于城市的视角，从伦理审美的角度，笔者认为可以从自然、文化、人本、精神四个维度来评价体育建筑。自然维度是设计伦理审美的基础，是人类文明发展到生态文明阶段的必然要求；文化维度是设计伦理审美的内涵，是需要发扬传承的宝贵财富；是设计伦理审美的核心，最终落脚于人的切身感受；精神维度是设计伦理审美的终极目标，是塑造人、陶冶人的城市精神文化所在。为满足上述四个维度，鄂尔多斯市体育中心具有以下几个特点。

1. 创意来源

　　鄂尔多斯蒙语含义是"众多的宫殿"，开阔的自然地貌、豪放的地域文化、鲜明的民族特色提供了方案创意。蒙古族是"马背上的民族"，而其最具标志性的器物就是马鞍，方案寓意草原上的"金马鞍"。以简洁大气的手法，体现民族性、地域性、现代性，展现阳刚与力量之美，成为凝聚城市精神的图腾。

2. 地域文化

　　复合功能的巨柱环抱看台，形成马鞍形屋面，如同草原上的金色大帐，雄壮浑厚，展现鄂尔多斯奔放、豪迈的地域文化。上黄下绿的

1　体育中心鸟瞰
2　总平面

1

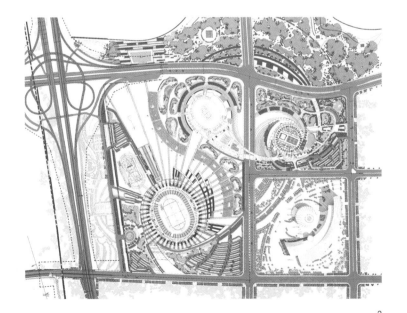

2

看台，寓意草原上盛开的花朵。飘逸灵动、高低错落的观景平台，犹如摔跤勇士身上飞舞的五彩飘带，同时起到结构连接作用。

3. 环境适应性

巨柱采用金色铝板幕墙，与环境相协调，在严寒地区给人以温暖的感受。建筑色彩耐脏，适合鄂尔多斯风沙大的气候特征。

4. 功能人性化

作为大型甲级场馆，人流集散顺畅，看台坡度缓、舒适度高，场地围合感好，无障碍设施便利，经受住了全国民运会的检验。环形看台东西侧局部设贵宾包厢，节省了投资，也拉近了观众与比赛场地的距离。功能复合，打造以体育运动为载体的城市综合体，集体育赛事、大型活动、休闲健身、体育培训、戏水乐园、多厅剧场、会议展览于一体。观众集散平台下部设置了2万 m²发展预留空间，以满足发展需求。结构层高、疏散口部、管线预留考虑充分，近期已启动城市规划展览馆、科技馆的设计工作，并复合利用体育馆设置职工之家。

5. 适宜技术

采用建筑、结构、机电一体化设计，并进行了大胆的创新，巨柱不仅是支撑看台、屋面的结构构件，其内部还整合了楼梯间和管道井，实现功能、结构、美观的高度结合。屋面设计应用BIM技术，随屋顶高度调整桁架可自动生成，保证了屋顶曲线连续完整。天路开口处屋面设有直径32 m的圆洞，有效降低大跨屋面荷载。虹吸排水系统为之字形排水，为控制漂雨，东西两侧屋面外高内低，先汇到中部排水沟，再汇到南北两侧中弦高于下弦处排水。

6. 低碳节能

通过自然通风减少人工冷源使用。采用变频技术、热回收技术、自动控制技术、置换通风技术，为运营节能、减少碳排放做出贡献。

7. 高完成度

建筑从整体到细节充分表达了设计意图，以金色巨柱为例，采用格栅状金色铝板幕墙，表达肌理感同时自重轻、耐久性好。立体的金色采用不同深度与光泽度，压云纹与不压云纹共9种金色。高光泽度映射周围环境，使建筑阳刚中不失生动。金色铝板之间的空隙隐藏有空调洞口，同时亮化、排水管线也隐藏在幕墙与结构体之间，提高了建筑的完整性。

鄂尔多斯市体育中心简洁有力、气势恢宏，反映了城市视角下基于伦理审美的，为鄂尔多斯市量身打造的，充分体现民族性、地域性、现代性的原创作品。

3

4

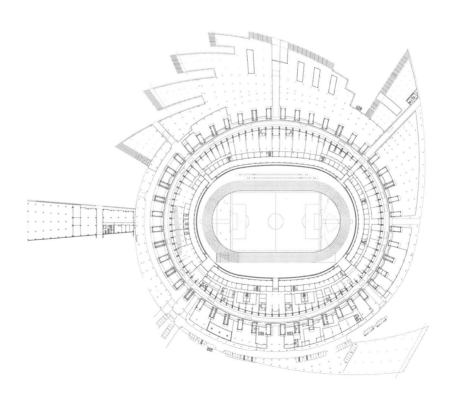

3 体育场东侧鸟瞰
4 体育场看台全景
5 体育场一层平面

5

6

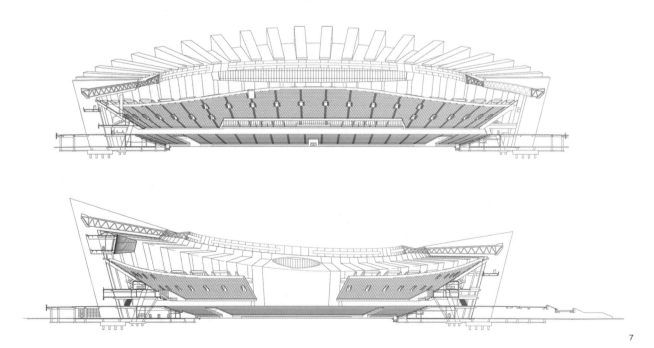

7

6　体育场近景
7　体育场剖面
8　体育场一体化设计的巨柱面

9

10

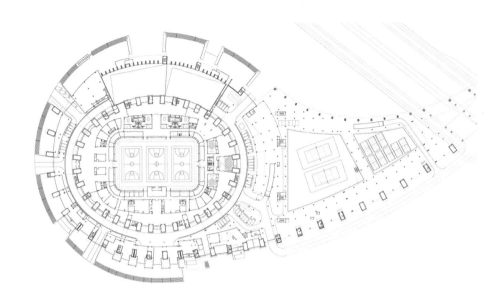

11

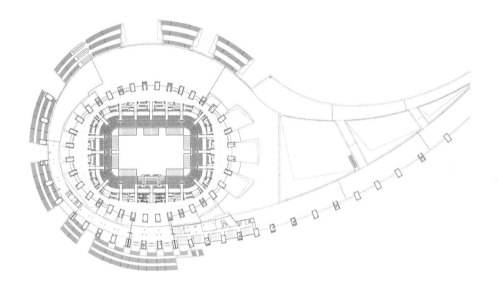

12

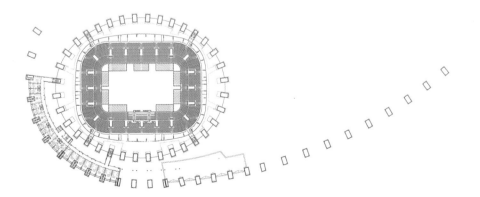

9 体育馆比赛大厅
10 体育馆观众集散厅
11 体育馆一层平面
12 体育馆二层平面
13 体育馆三层平面

13

14

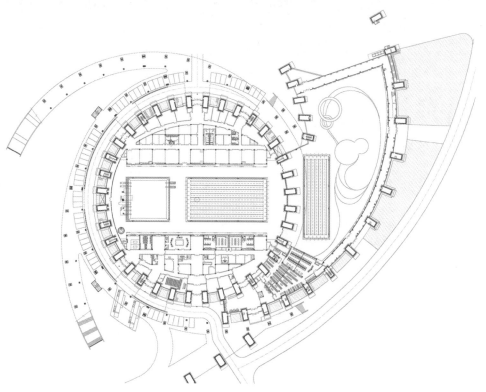

16

17

ICE SPORTS VENUES FOR THE 13TH NATIONAL WINTER GAMES, URUMQI, CHINA
第十三届全国冬季运动会冰上运动中心

哈尔滨工业大学建筑设计研究院 ｜ Architectural Design and Research Institute of HIT

项目名称：第十三届全国冬季运动会冰上运动中心

业　　主：新疆维吾尔自治区体育局

建设地点：新疆维吾尔自治区乌鲁木齐市乌鲁木齐县

设计单位：哈尔滨工业大学建筑设计研究院

用地面积：36.68 hm²

建筑面积：7.62 万 m²

建筑功能：速度滑冰，冰球，冰壶比赛及训练

结构形式：钢结构（大跨度预应力张弦结构，双层双曲网壳结构，螺栓球曲板网架结构）

座席数量：3 000 座（速度滑冰馆），2 000 座（冰球馆），1 000 座（冰壶馆）

建筑材料：钢，金属板

设计总负责：初晓

项目负责人：梅洪元，魏治平

建筑专业：张玉影，费腾，彭颖，张毅，王少鹏，张涛，金羽灵

结构专业：曹正罡，戴大志

设备专业：王晓，李丽群，史建雷

设计时间：2012 年 3 月～ 9 月

建成时间：2014 年 12 月

图纸版权：哈尔滨工业大学建筑设计研究院

摄　　影：韦树祥

　　当前我国的体育场馆正经历一个黄金建设期，受到全球化、现代主义思潮的影响，体育建筑的风格越来越趋同，地域文化和场所特征逐渐成为体育建筑设计中被弱化处理的设计元素。体育场馆由于其特殊的建筑类型与技术特征，更多地要求新技术、新材料、新理念的运用，这势必会突出体育场馆建设的时代特点；但由于体育场馆投资大、规模大、影响力大，会成为城市重要的城市名片和形象代言，因此又必须具有一定的本土身份和地域特色。如何协调二者之间的关系，避免千馆一面，使体育场馆体现出所处地域的文脉特征，应该成为我们重点关注的问题。

项目概述

　　第十三届全国冬季运动会冰上运动中心位于乌鲁木齐市南山风景区，为第十三届全国冬季运动会全部冰上项目的比赛场馆，以地域独有的气候条件和地理条件为出发点，打造世界级的冰雪竞赛场地及冰雪旅游胜地。随着全运会的圆满召开，此项目也受到了业主、运动员及市民的一致好评。

　　综合性体育中心建设主要有集中式的体育建筑综合体和分散式的体育公园两种模式。体育建筑综合体适合建在城市中心区，能够节约用地，但功能单一，主要是为了满足竞赛要求；体育公园则适合选址于新区或风景旅游区，不仅能够满足专业体育赛事的要求，更为专业运动队提供了配套的高水平训练基地，同时在赛后也为城市提供了一个冬季及夏季兼顾，运动、娱乐、餐饮、住宿、购物一体化的新的城市旅游目的地。本案根据地理位置，采用了体育公园的设计理念。在此定位的基础上，从新疆特有的地域景色和传统文化中汲取灵感，紧扣冰雪主题，提出了"丝、路、花、谷"的设计理念，展现新疆的灿烂文化和地域美景。

总体规划

　　该冰上运动中心的建筑功能包括速度滑冰馆、冰球馆、冰壶馆、运动员公寓及媒体中心。功能布局设计充分考虑建筑之间的联系便利，以赛事的合理组织和赛时及赛后的环境空间塑造为主要依据，为运动员及市民提供多样的活动空间。基地北侧和南侧设两个主入口，速度滑冰馆、冰球馆、冰壶馆三个主要竞技场馆均临近入口布置，便于赛事组织和人流疏散，运动员公寓及媒体中心等为赛事服务的功能空间布置在远离城市主要道路一侧，比较安静，并使得餐厅、厨房等功能的污物通道相对隐秘，为城市干道方向提供一个纯净的观赏

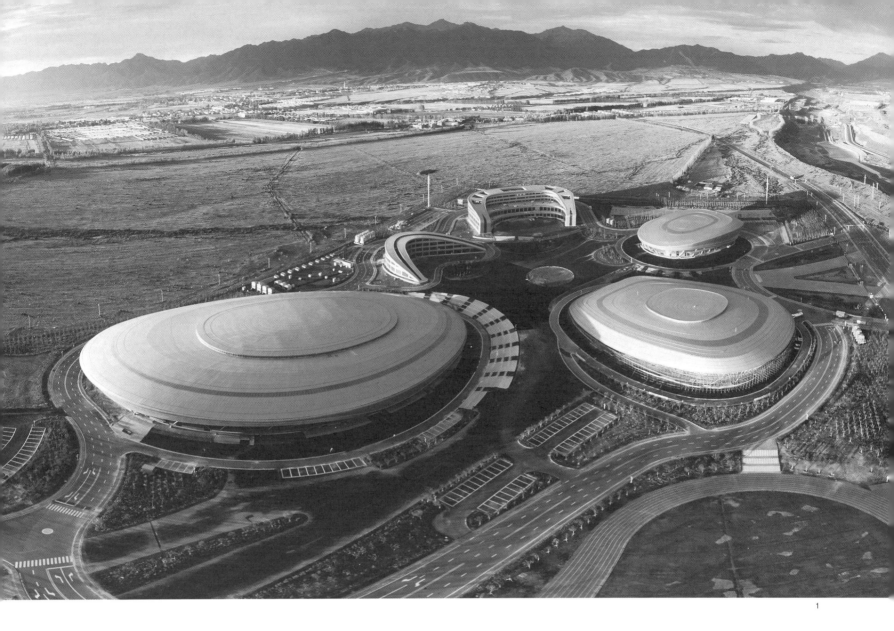

1 鸟瞰

界面。三个比赛场馆、运动员公寓及媒体中心呈环形布局，环抱而内聚，宛如雪莲花开。花瓣中央为天池广场，冬季浇冰形成室外冰场，夏季为轮滑和滑板活动场地；花瓣向心内聚为外部空间留出多样的室外运动场地，在保留布局灵活性的基础上，能够节约土地，为远期发展留有空间。整个布局和谐灵动，空间丰富，令人过目不忘，非常具有标志性。

设计上采用了"一环、两轴、中心发散"规划布局形式。"一环"——建筑以中心广场为基准环绕布置，环状道路为5栋建筑提供直接联系，并在每栋建筑的主要入口处设置入口广场以及专用停车场，分区明确；由各建筑围合而成的各广场空间，为人群提供舒适的活动空间。"两轴"——基地内部南北、东西贯穿步行主轴线，主要车行道路沿建筑外围环绕，场地内部交通组织明确，人车分流设置，有效避免干扰。"中心发散"——园区规划以中心向周边发散的形态模拟新疆天山、天池的地域特点，整体规划灵活自由，充满动势，同时便于各场馆独立建设、分期实施。

竞赛功能

该项目中所有场馆的冰面均按照国际滑冰联盟2010年最新竞赛规

则要求设置。速度滑冰馆采用周长为400 m的标准跑道，内设一块标准冰球练习场地，能够满足高水平比赛使用；冰球馆采用70 m×40 m的比赛场地，可进行冰球、短道速滑、花样滑冰等项目，同层还设有56 m×26 m的练习场地，为运动员提供赛前热身冰面；冰壶馆场地尺寸按照冰球场地尺寸设置，从而满足多种冰上运动需求。在速度滑冰馆和冰球馆我们均采用了单面布置观众席的布局方式，相对于动辄几万人的体育场、体育馆而言，冰上运动馆的观众人数较少，单面布置座席的模式既便于赛时管理，又利于形成较为集中的观战氛围。

在场馆的出入口组织上我们综合考虑了赛时管理及赛后利用的问题，将运动员出入口单独设置以避免其他流线干扰，将观众入口与贵宾、赛事管理、新闻媒体等出入口同侧设置或合并设置，既能够保证赛时场馆的高效运营，又便于赛后多功能转换，提高场馆的使用效率。所有场馆的入口均设置在一层，从而有效避免立体分流导致的冬季使用室外平台的不便，同时降低了工程造价。

形态设计与技术实现

设计从新疆独特的雪山、戈壁等特色风貌中汲取灵感，以纯净的白色屋顶勾勒出自然雪帽的造型意向，以层状处理的横向线条模拟戈

壁独有的岩层地貌，以玻璃上雪花冰晶的模拟对地域特色进行呼应。整体建筑群仿佛掩映于皑皑白雪之中，立面形象疏朗大气、飘逸灵动，与环境和谐共融，完整地实现了"天山脚下全运雪乡"的意境。

速度滑冰馆跨度为118 m，主体钢结构采用大跨度预应力张弦结构体系，属于高效经济的新型体系，目前在超过100 m的大跨度和超大跨度建筑中已有很好的推广和应用。预应力张弦结构体系是一种自平衡结构，具有自重轻、跨越能力强、施工方便、承载力高、经济性好等一系列优点，同时结构的自平衡性能有效降低下部结构体系的设计难度。冰球馆屋盖采用双层双曲网壳结构，将受力杆件与支承系统有机地结合起来，因而具有较高的安全储备，抗震性能好，同时用料经济。冰壶馆跨度较小，采用螺栓球曲板网架结构，结构简洁、受力合理，具有技术成熟、施工标准化、设计难度低、加工和安装精度高等一系列优点。

设计充分考虑冬季节能的问题，采用适用于寒冷地区的技术策略，建筑立面避免使用大面积玻璃幕墙，注重建筑外墙的保温节能。所有场馆均为弧线形屋顶而避免采用平屋面形式，从而大大降低冬季积雪给建筑带来的巨大荷载压力。排水檐沟设电加热融雪系统，防止过渡季节形成冰锥造成安全隐患。在建筑顶部设置天窗，确保赛后运动队训练时无需人工照明即可使用，降低赛后运营成本。对于冰上场馆的结露问题，设计通过天窗的构造措施予以解决，同时在场馆设计中有效引入太阳能集热技术、自控技术、新风技术等适宜技术，达到"绿色建造、低成本运营"的节能目标。

"银山映月华如缎，丝路蜿蜒过天山。西域盛疆增国色，琼崖玉谷吐瑞莲。"多民族、多元文化、多样景观造就了新疆独特的魅力，也正是新疆所具有的特质凝练和孕育了本作品。项目功能组织集约高效、立足地域节能适候、因地制宜技术创新，实现环境效益、经济效益、社会效益的综合平衡与优化，诠释了高品质体育建筑的时代内涵，成为新疆维吾尔自治区具有代表性的标志性建筑之一。

2

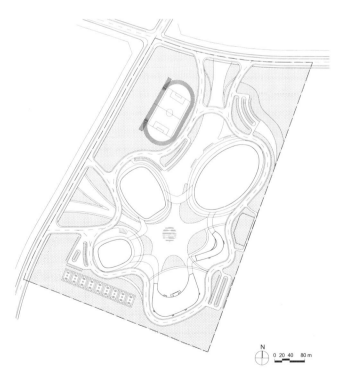

2 设计从新疆独特的雪山、戈
  壁等特色风貌中汲取灵感
3 总平面

N
0 20 40 80 m

3

4

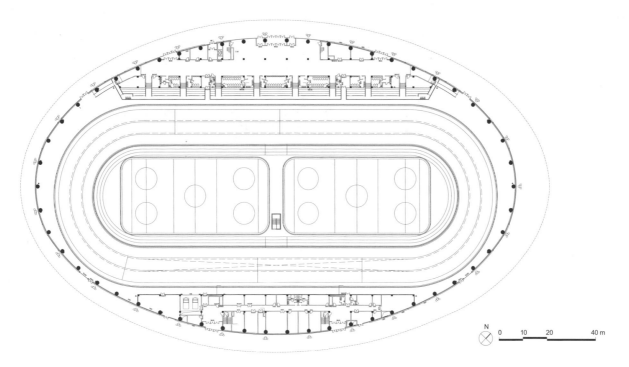

N

0　10　20　　　40 m

5

6

4 速滑馆
5 速滑馆一层平面
6 冰球馆
7 冰壶馆

7

8

9

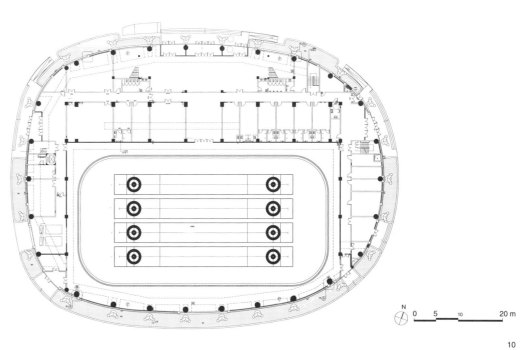

8 建筑细部
9 建筑与场地环境
10 冰壶馆一层平面

10

11

12

13

11 速滑馆室内空间
12 冰壶馆室内空间
13 冰球馆室内空间
14 冰球馆一层平面

N 0 10 20 40 m

14

ZHANJIANG OLYMPIC SPORTS CENTRE, CHINA
湛江奥林匹克体育中心

CCDI悉地国际设计集团 | CCDI

项目名称：湛江奥林匹克体育中心

业　　主：湛江市体育局

建设地点：广东省湛江市坡头区海湾大桥桥头以北地块

设计单位：CCDI 悉地国际设计集团

用地面积：6.83 hm²（体育场），1.60 hm²（体育馆），1.69 hm²（游泳馆），
0.86 hm²（球类馆）

建筑面积：8.16 万 m²（体育场），2.89 万 m²（体育馆），3.36 万 m²（游泳馆），
1.35 万 m²（球类馆）

建筑类别：乙级大型体育建筑（体育场），乙级大型体育馆（体育馆），甲级
中型游泳馆（游泳馆），丙级体育建筑（球类馆）

座席数量：39 692 座（体育场），6 388 座（体育馆），2 191 座（游泳馆），
1 004 座（球类馆）

建筑结构：钢筋混凝土框架剪力墙结构（体育场看台主体结构和附属用房）+
悬挑钢桁架结构（罩棚），钢筋混凝土框架结构（其他场馆看台和
附属用房）+ 空腹桁架钢结构（屋面）

建筑材料：PTFE（体育场），玻璃幕墙，直立锁边铝镁锰合金板，阳光板（体
育场、体育馆、游泳馆、球类馆），铝单板（体育馆、游泳馆、球类馆）

建筑层数：4（体育场），4（体育馆），2（局部 4，游泳馆），1（局部 3，
球类馆）

建筑高度：54.04 m（体育场），31.90 m（体育馆），41.71 m（游泳馆），
26.20 m（球类馆）

项目负责人：刘慧，单蔚颖

建筑专业：朱丹，胡志亮，张宇，秦迪，金家宇，张晓梅，张璐

结构专业：廖新军，杨想兵，周坚荣，姜安庆

设备专业：程新红，易伟文，庄光发，张诗模，王平，姜明军

施工单位：中国建筑第八工程局有限公司

设计时间：2011 年～ 2014 年

建成时间：2015 年

图纸版权：CCDI 悉地国际设计集团

摄　　影：朗树臣，李秩宇，刘伟

设计理念

湛江奥林匹克体育中心为承办 2014 年广东省第十四届运动会而建，业主要求：游泳馆满足举办全国性及单项国际比赛要求，其他场馆满足举办全国单项比赛及地区性比赛要求，并能承办大型竞技活动和社会综合性活动；满足全民健身活动的需要，做到"一馆多用"，充分考虑场馆平时运营的经济性，做到以场养场、以馆养馆；充分发挥省运会主场馆的综合性功能，建成一个集全民健身、休闲娱乐、商贸会展、旅游购物、文艺演出为一体的多功能综合性活动中心，为社会创造更大的效益，为体育事业产业化和全民健身运动创造条件，通过省运会主场馆的发展带动整个海东新区的发展。

为此，我们希望创造一个具备卓越品质的复合型多功能设施，同时赋予其独特的建筑形象，使之成为契合地域环境的地标性建筑，以及湛江面向世界的窗口。

大量的曲面和曲线的设计语言贯穿从总体规划到建筑单体再到景观设计始终。这些曲线和曲面的造型，似贝壳又似流水、似繁花又似锦树，以柔和的表现形式，消解庞大体量给人带来的压迫感，从更深的层面体现出人文关怀。尊重环境是设计的主旨，我们在满足功能需求的前提下尽可能紧凑地布局建筑、控制体量，以节约资源，最大限度地保持绿化和覆土，以创造出更宜人的环境与更优美的亲水景观。

设计以"飘带"为主题，凸显如海湾一般自然流畅的形态，诠释南方建筑独有的轻、透特质，并结合主要广场及平台，形成面向海湾的门户形象。主体育场以"海之贝"为理念、"海螺"为母体，呼应与湛江相生相伴的海洋文化。建筑形体简洁、纯净，体育馆、综合球类馆和游泳跳水馆三馆串联，形如三片白色的贝壳，自由散落于沙滩之上。

规划布局

基地沿南北向依次布置主体育场、体育馆、综合球类馆、游泳跳水馆。主体育场与三馆之间布置大型景观绿化广场作为分隔带，同时利用平台、绿化等设计手法串联各场馆与运动场地，在满足不同人群的日常身体锻炼需求的同时，创造舒适宜人的空间体验。

场馆之间在地面上通过"一横"（主干道）、"二环"（主体育场区、体育三馆区北侧的次干道）构成相对独立的两个车行网交通体系，通过地面步道广场及二层平台的连接，形成完善便利的人行系统，实现人车分流。消防车道利用机动车道和铺装广场，呈环状布置。紧急事件的处理可以利用二层平台完成。

根据赛时组织和平时运营的需要，基地内各场馆周边布置有 3 处大型露天停车场及 4 处路边停车场，可停放小客车 1 508 辆。

场地内道路、停车场、场馆入口处均采用无障碍设计，并配置

1 鸟瞰

无障碍垂直电梯、残障人士停车位、盲道、语音提示等系统。

主体育场建筑设计

1. 功能布局

体育场由40 000人看台及看台下附属用房、钢结构罩棚及罩棚下空间组成，通过主体二层平台与其他三馆相连。竞赛功能用房主要分布在二层平台下，由贵宾、媒体、运动员及场馆运营用房等构成。马鞍型看台一层为连续看台，二层分为东、西两部分。看台下布置了与赛事密切相关的各类房间和观众服务用房。

一层（±0.00 m）布局体育用房西侧为要员、贵宾、官员、赞助商、运动员及随队官员、新闻媒体、赛事管理等用房；北、东、南侧靠场内设置场馆运营及办公用房，靠场外布置商业用房（赛时可作为竞赛办公用房，房间的设置满足大型赛事的要求）。东南、东北、西南、西北方向共有4条通道与场内相连，方便应急车辆、消防车及运输车辆进入场内。

二层（6.00 m）布局观众入口层和观众集散室外平台，设置供观众使用的卫生间、观众服务等设施，西侧设有贵宾休息厅、媒体休息厅和运动员休息厅。

三层（12.00 m）为贵宾包厢层，设有贵宾休息厅、25个带有卫生间的贵宾包厢以及包厢服务设施，西侧设置部分竞赛技术用房。

四层（16.20 m）为观众集散室外平台，设有供观众使用的卫生间等服务设施。

为方便不同人员的使用，有针对性地设计了不同下车点和路线。日常管理中，持证人员主要从一层进入，非持证人员从二层进入。

2. 罩棚及造型设计

罩棚形态由场心的椭圆形逐渐演化成菱形的不均匀变化而生成，隐喻在潮起潮落的海水下，海螺被阳光映照时产生的丰富光影变化，颇富动感。屋面材料采用金属板和不同透明度的阳光板组合，为体育场草皮养护提供条件的同时，丰富了屋面的变化。屋面内侧附PTFE膜，具有吸声作用，并可提升内场的视觉和光学效果。

建筑立面同样采用膜结构，整体形成一道优美的曲线，配合照明系统，在夜晚投射丰富的光影变化，带给人们一种朦胧神秘的美感。罩棚的钢结构悬挑桁架，配合建筑造型，形成一圈斜率不同、富有韵律感的结构体系。屋面和立面材料的运用，在满足功能要求的同时丰富了建筑的造型，使得整个建筑外围护系统更通透、统一，人们在享受运动的同时，仿佛置身于椰林树影、水清沙白的人间天堂。

以体育场为主导，三馆造型充满动感，充分表现了设计主题和律动之美。立面结合使用横隐竖显的玻璃幕墙与金属幕墙，使超长的体量富有秩序和肌理。上扬的屋面与倾斜的玻璃幕墙合为一体，形如贝壳，轻盈又具质感。建筑采用双层屋面，起伏的曲线层层交叠，仿佛

2

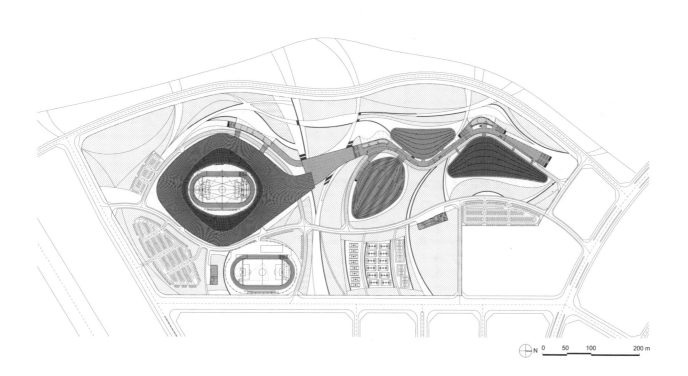

N 0 50 100 200 m

3

贝壳的纹理，优美而舒展。

3．赛后运营

为适应未来的发展需求，设计充分考虑了设施的多功能性和灵活性。赛后运营主要结合比赛场地和训练用房的多功能使用，为民众健身、文艺演出等活动提供空间。北侧二层观众平台及西侧罩棚外部连接平台赛后可用于举办文艺演出。一层西侧裁判更衣室、运动员更衣室和北侧部分用房可以用作演员的化妆间和休息室。西北侧入场通道宽度大于10 m，高度超过4.5 m，可作为各类演出的主要进出场口。体育场一层的内部赛时管理用房和外部赛后运营用房分开，外部用房可用于出租办公及商业运营，三层包厢可以考虑出租或者出售，也可以考虑作为酒店经营。西侧连接平台下部可作为永久性商业用房使用。

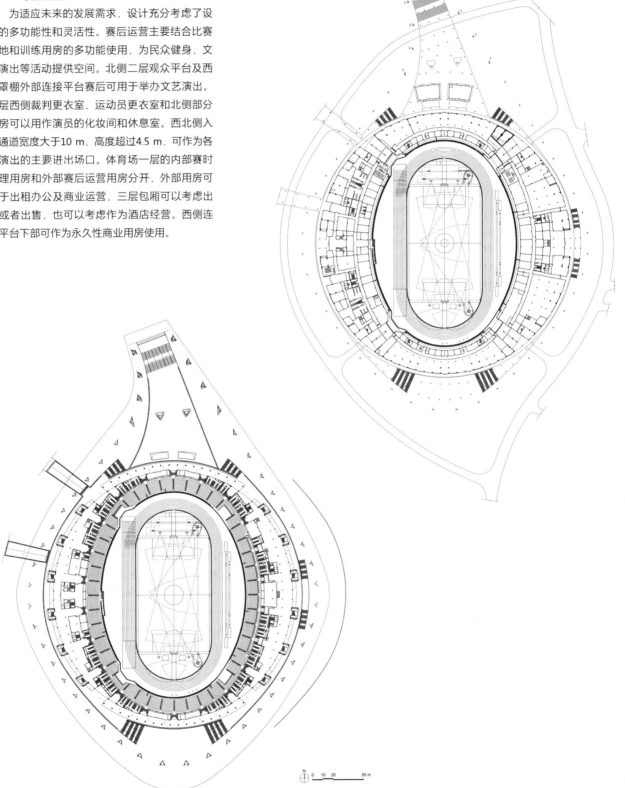

2　体育中心外景
3　总平面
4　体育场一层平面
5　体育场二层平面

4

5

6

6　体育场内场
7　体育场看台

7

8

9

8 跳水游泳馆比赛大厅
9 综合球类馆篮球训练场
10 跳水游泳馆一层平面
11 跳水游泳馆二层平面
12 综合球类馆一层平面
13 综合球类馆二层平面

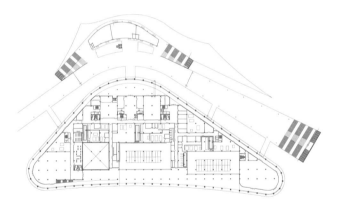

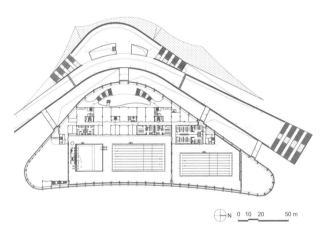

10

11

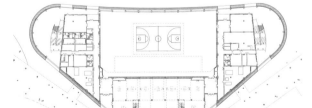

12

13

15

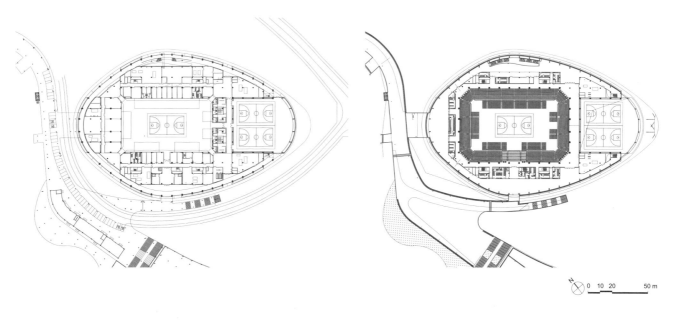

16   17

TUCHENG CIVIL SPORTS CENTER, NEW TAIPEI CITY, CHINA
土城市民运动中心

曾永信建筑师事务所 | Q-LAB

项目名称：土城市民运动中心

业　　主：新北市政府体育处

建设地点：新北市土城区金城路二段 247-1 号

设计单位：曾永信建筑师事务所

用地面积：5.1 hm²

建筑面积：1.38 万 m²

建筑结构：钢结构 + 钢筋混凝土结构

建筑层数：5（地下 1 层，地上 4 层）

建筑高度：20.97 m

项目负责人：曾永信，曾柏庭

建筑专业：吴东翰，黄子豪，叶聿菁，邱柏闳，王光辉

结构专业：创纬工程顾问有限公司

电气专业：高森工程顾问股份有限公司

景观专业：六国景观设计有限公司

施工单位：丽明营造股份有限公司

设计时间：2012 年 5 月 ~ 2013 年 5 月

建设周期：2012 年 12 月 ~ 2014 年 9 月

图纸版权：曾永信建筑师事务所

摄　　影：亮点摄影工作室（Highlite Image）

空间计划

在曾永信建筑师事务所（Q-LAB）所有项目设计过程中，空间计划一直扮演着很重要的角色。在土城市民运动中心的设计中，Q-LAB 依政府机关规定的空间需求，定性、定量地模拟出数个实际大小的空间立方体，并尝试媒合上述相同或不同性质的空间立方体于不同的族群里，借由族群中彼此不同的空间组合激发出前所未有的空间想象或空间行为，或借由不同族群之间的相异性创造出一些暧昧模糊的未计划空间，如此未定性的空间通常是最迷人也是最吸引人的地方。Q-LAB 相信空间计划是建构建筑的最基本元素，其功能就好比人类的 DNA，不同的 DNA 组合造就了不同个性、体质及长相的人。因此建筑设计若能从空间计划着手配对组合，其最终呈现的结果将是具有灵魂与个性的，而不会又是城市中一座冰冷的建筑而已。本案在设计初期共媒合了三个各自独立的族群体量，分别是以泳池为首的族群（蓝色体量）、以篮球场为首的族群（红色体量）及以冰场为首的族群（灰色体量）。它们的相互关系取决于结构的合理性、视觉的互动性及动线的流畅性三大因素。

上述三大量体的相互配置关系鉴于泳池相关族群自身所需的结构载重较大，相对于其他体量，更适合配置于地面层。此配置方式除可成功减少结构用钢量外，更可大幅降低整体工程造价，进而控制建筑成本。泳池相关族群被定位后，我们进一步思考如何配置篮球场相关族群及冰场相关族群；除传统常见的垂直堆栈模式外（依赖电梯垂直串联各楼层空间，但无法进一步促成视觉及动线的流动），是否有其他的布置方式可创造出更多的空间可能性，让市民能享受更多的空间体验。最后我们尝试将篮球场相关族群及冰场相关族群设置在更高标高的同一层，并以 90°夹角相互配置，各自在泳池相关族群之上向外悬挑 9 m。此定位策略除能创造地面层大量的半户外遮阳、避雨空间外（附近的老人及小孩都可以在这样的环境下，不需付费便可自主地开展一系列活动，例如太极拳、土风舞、街舞、棋艺等），于同一楼层更创造出泳池上方的空中花园空间。此花园空间不仅全面绿化（植栽覆土可降低泳池室内温度），还可连接篮球场及冰场，更是篮球或冰上曲棍球运动后的休憩好去处，其可及视野广阔、空气清新流动。

结构设计

我们深信空间计划与结构设计是一体的两面，彼此相辅相成。我们企图在体量之间创造看与被看的关系（许多运动中心比较像办公大楼，各运动空间被各层楼地板阻隔切割，民众自身在运动时除无法享受观看其他类型的运动外，亦无法与其他人群或空间有更多的互动），因此在本案设计构思初期，我们就决定要打造一个可以提供给民众运动时也能眼看四方的互动空间，而此设计概念最终也成了决定本案建筑轮廓的重要因素。上述的配置策略造就了特殊的结构行为，因此我们设计了巨型钢构桁架系统来搭配空间计划，并利用多方向的减震斜撑（BRB）来减低结构载重。Q-LAB 深深相信，建筑的美不应仅仅来自外观皮层（skin），更应来自其力学分明的体魄（body）及充满创意的空间计划（soul），唯有两者合一，才是建筑最极致的美。

1

外墙系统研发

针对土城市民运动中心的外墙系统，我们重视外观整体的一致性，极尽努力地隐藏或减小所有原本粗壮的门窗框料，同时兼顾室内采光通透明亮，并提高阻热效果。不断地反复尝试，透过计算机模拟及实际视觉模型（1:1）的施作，最后终于与施作厂商共同研发出一种高性能的综合性外墙系统（composite curtain wall system）——铝冲孔复合板＋玻璃＋隔热棉＋轻隔间墙。此外墙系统建立于一个完全模数化的结构系统之上（本案各柱距皆为9 m的倍数，各楼层高度皆为500 mm的倍数），外墙以每片1 500 mm宽、500 mm高的铝复合板作为分割的依据（每9 m柱距可分得6片铝复合板），而所有铝复合板间的分割缝也都控制在5 mm以内，试图打造一个细致的建筑外观（隐框）。各体量铝复合板颜色的深浅取决于外墙耗能软件（Vasari）分析的结果（易受热处赋予较浅的颜色，不易受热处赋予较深的颜色）。此系统逻辑由外而内延伸至室内各空间，上至天花板（明架及暗架），下至楼板（瓷砖及大理石），所有材质均遵守模数分割原则，企图打造室内室外天地墙对线对缝的整体性建筑设计。

整合

在土城市民运动中心的设计中，我们试图找寻所有空间、结构、材料的公因子（柱距）、空间单元、外墙分割及瓷砖计划，从最宏观的建筑主体到最细微的瓷砖分割，无不斤斤计较。我们认为，整合是建筑师的天职，也深信"少即是多"的道理。我们执着于将结构、机电、空调、室内装修等建筑元素整合于无形。在本案中，我们试图将空间计划的具体成果落实在建筑体量上（三大族群的相互组织关系）、室内设计（空间族群的相互视觉关系）、材质模数（从最小的泳池马赛克瓷砖对应到最大的外墙铝复合板）、户外家具（一体成形的板凳源自外墙铝复合板的尺度）、灯光设计（户外以线性灯光对应外墙随机变化的设计概念、室内亦利用线性间接灯光导引人行动线）、景观设计（户外乔木灌木配置位置对应外墙耗能分析结果、空中花园的花台几何对应外墙模数变化概念）。我们热衷整合所有看得到及看不到的机电、空调、灯具、给排水等设备管线系统，希望最终空间呈现"少即是多"的美，天地墙尽量减少建筑设备的痕迹，留下的是空间最原始的氛围。

体验

从公开竞图到细部设计，从施工到完工，本案前后历经近三年之久。Q-LAB希望最后呈现的是一座属于当地市民的公共建筑。我们相信好的公共建筑必须兼顾都市性、公共性、公益性、开放性及最重要的归属感。

1 鸟瞰

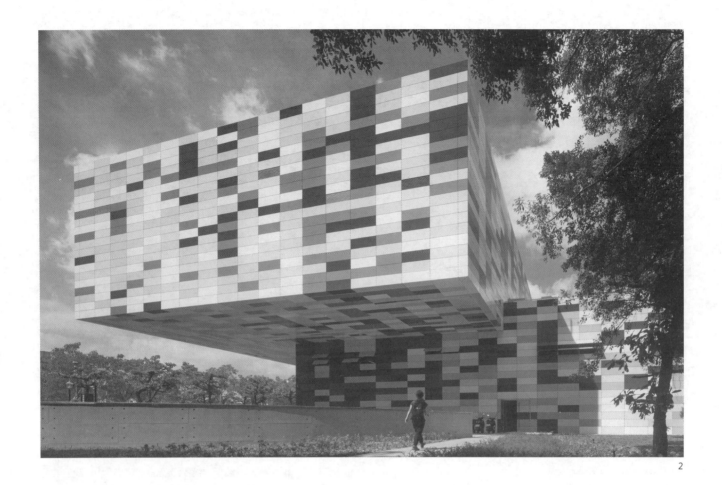

2

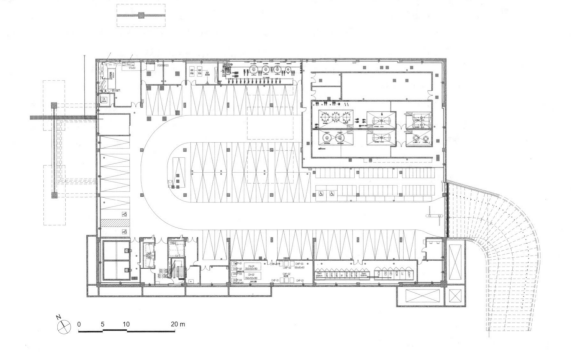

N   0   5   10   20 m

3

4

2 外悬挑部分为地面层创造
  大量半户外遮阳以及避雨
  空间
3 地下平面
4 综合球场
5 壁球室

5

6

7

8

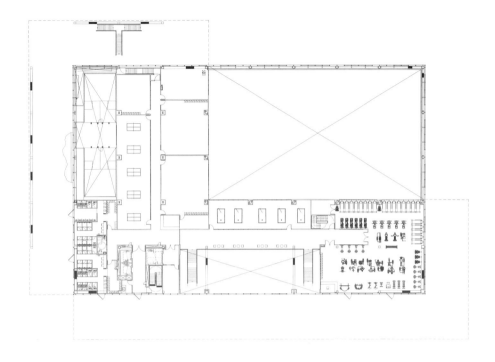

9

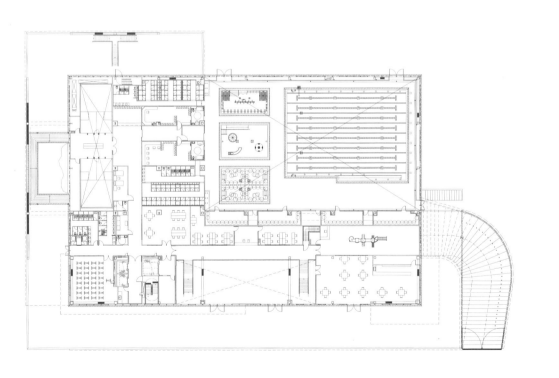

6 乒乓球室
7 二层服务台
8 游泳池
9 二层平面
10 一层平面

N 0 5 10 20 m

10

SAN MAMÉS STADIUM, BILBAO, SPAIN
圣马梅斯体育场

ACXT建筑事务所 | ACXT

项目名称：圣马梅斯体育场

业　　主：San Mamés Barria

建设地点：Rafael Moreno Pitxitxi Kalea, 48013 Bilbao, Bizkaia, Spain

设计单位：ACXT 建筑事务所

建筑面积：11.45 万 m²

建筑层数：6（地上 4 层，地下 2 层）

建筑高度：37.5 m

座席数量：53 500 座

项目负责人：Oscar Malo

建筑专业：César A. Azcárate Gómez (ACXT-IDOM), Diego Rodríguez

(Deputy architect)

结构专业：Armando Bilbao, Javier Llarena, Nerea Castro, Mikel Mendicote

设备专业：Álvaro Gutiérrez, Miguel García, Mikel Lotina (Electricity building services); Alberto Ribacoba, Jon Zubiaurre, Lorena Muñoz (Mechanical building services); Aritz Muñoz, Ibai Ormaza (Telecommunications building services)

设计时间：2011 年 6 月

建成时间：2014 年 8 月

图纸版权：ACXT 建筑事务所

摄　　影：Aitor Ortiz

　　作为欧洲足坛最大的俱乐部之一，毕尔巴鄂竞技俱乐部的主场圣马梅斯体育场已有百余年历史，因其传奇色彩而常被人称作"足球教堂"。新主场选择拆除老场原址再建，这也促使建设必须分为两个阶段，以避免球队不得不到别处比赛、训练。

　　设计新圣马梅斯体育场的主要挑战之一就是保持老场"足球教堂"强烈且不可思议的足球氛围，不只是保持，更要加强，以完全满足全球最佳球迷基地之一的需求。

　　于毕尔巴鄂扩张区域的城市网格边缘的位置，拥有一窥河口的绝佳视野，因此新建筑应有力地凸显这一点，但同时也应保持对组成城市区域的其他建筑的尊重。出于这样的考虑，浮现于脑海中的设计首要方面，即这座拔地而起的建筑应是一个与周围环境相呼应的都市建筑，而不仅仅是一个运动设施。

　　设计有意将那些一直以来被视作没有价值的场馆区域变得有价值。这些区域位于体育馆外围与看台后部之间，构成了进入和离开看台这一球场主要部分的交通区域。为了给予这部分区域以附加价值，项目采用的策略是，不仅赋予这些区域空间特征，还确保该区域与城市和其周边环境具有紧密的联系。为了实现这一目的，一种必定会赋予新圣马梅斯体育场以特征的基础元素被用于立面之上——扭弯的ETFE膜材料元素的反复使用为立面带来活力和整体性。得益于全球最先进的动态照明系统之一的使用，建筑在夜晚通体发亮，从而成为河口之上的城市地标，由内部投射出毕尔巴鄂的一个新形象。体育场罩棚上的白色ETFE气枕覆盖在朝向球场中心的径向金属桁架之上，为整个看台提供遮蔽。看台的设置完全聚焦于球场，使得球迷施加于比赛的压力达到最大化，就好像老场全球闻名的令观众与球员同在的压力锅氛围。

　　体育馆拥有充足的接待区，包括VIP包厢、头等座席以及休闲会客区、餐厅、咖啡馆、俱乐部博物馆、官方商店和会议区域，以及位于其中一个看台下方、面向公众开放的运动中心。新球场可容纳超过53 000名观众。

Athletic Club of Bilbao is one of the big clubs in European football and its previous stadium, over a hundred years old, was one of the legendary ones, popularly referred to as the cathedral of football. Located practically in the same place as the existing one, the new stadium overlaps with the old San Mamés. This fact forced its construction to be carried out in two phases in such a way that it prevented the team from having to play away.

One of the main challenges in the design of the New San Mamés was maintaining the intense and magical football atmosphere of the old Cathedral. This effect has not only been sustained but increased, thoroughly satisfying the demands of one of the best fan bases in the world.

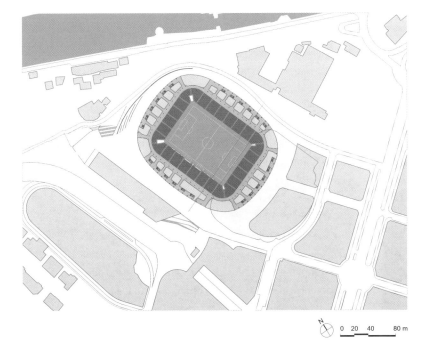

0 20 40   80 m

The location of the new stadium, at the end of the urban mesh of the expansion district of Bilbao, peeping over the estuary with privilege, turns the building into a piece of architecture that must be introduced categorically and with force, but at the same time, respecting the rest of the buildings that make up that area of the city. From this reflection comes one of the first aspects borne in mind for its design. That is the perception of the erected construction as an urban building, in relation to the others and not just as simple sports facilities.

It was intended for those stadium areas that are traditionally worthless to become valuable. These are located between the stadium's perimeter and the rear part of the stands and constitute the circulation areas through which you can access and exit the stands, which are, after all, the main part of the whole football stadium. In order to give these areas an added value, the strategy of the project consisted of, not only giving them spatial features, but also making sure that they had a very intense connection with the city and the surroundings. For this purpose, a basic element that will surely give character to the New San Mamés stadium is put into play on the facade. This is the repetition of a twisted ETFE element, giving the elevation

3

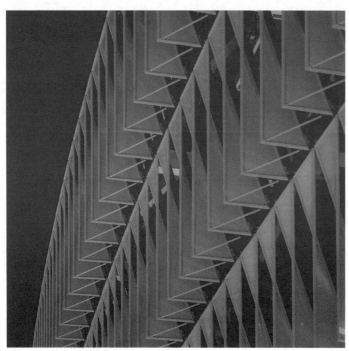

4

energy and unity. This element will be illuminated at night, thus creating an urban landmark over the estuary, projecting a new image of Bilbao from within, thanks to one of the most advanced dynamic lighting systems in the world. The roof, formed by powerful radial metal trusses orientated towards the centre of the pitch, is covered with white ETFE cushions, covering the entire stands. The set-up of the stands is totally focused on the field, maximizing the pressure that the fans exert on the game, just like in the old San Mamés, known the world over for being like a pressure cooker where the public would be on top of the players.

The stadium has ample hospitality areas, with VIP boxes, premium seating and its leisure and meeting areas, restaurants, cafes, the Club's Museum, the Official Shop and areas for meetings, as well as a sports centre open to the general public under one of its stands. Its capacity will exceed 53,000 spectators.

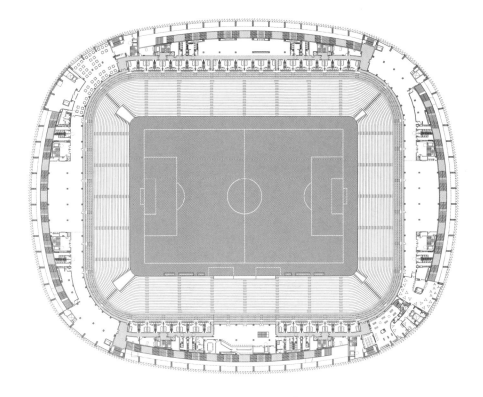

5

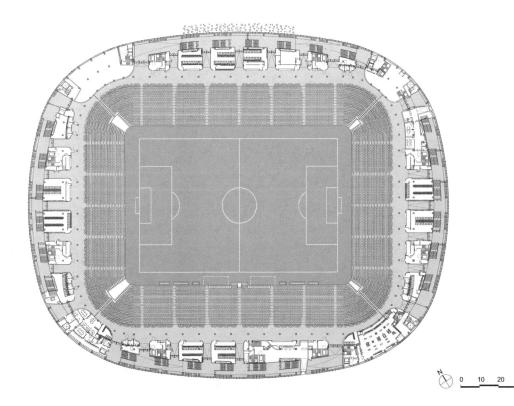

3 扭弯的 ETFE 膜材料元素的
  反复使用为立面带来活力和
  整体性
4 ETFE 膜材料细部
5 一层平面
6 地下层平面

0 10 20   40 m

6

7

8

9

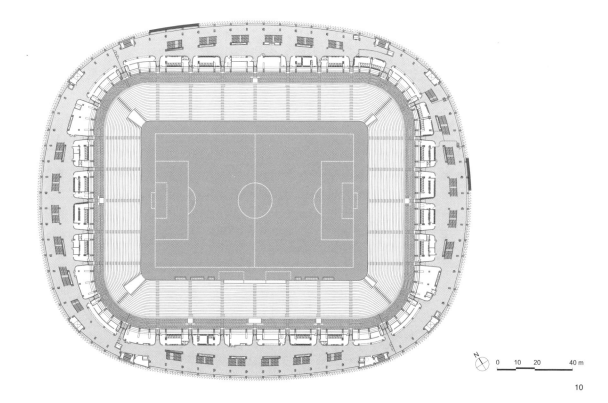

7　运动场内景
8　运动场看台通道
9　观众通道
10　二层平面

10

11

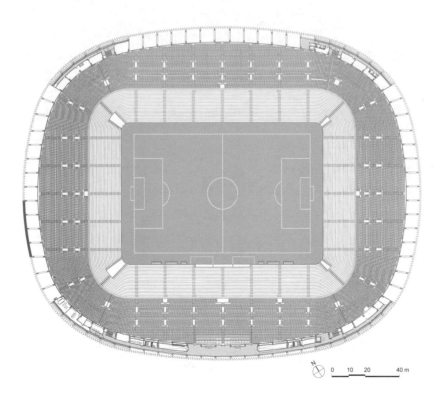

12

13

14

11 贵宾休息室
12 四层平面
13 卫浴设施
14 球员更衣室
15 媒体通道

15

HAZZA BIN ZAYED STADIUM, AL AIN, ABU DHABI
HAZZA BIN ZAYED 体育场

Pattern建筑事务所 ｜ Pattern Design Limited

项目名称：Hazza Bin Zayed 体育场
业　　主：Crown Prince Court, BAM International
建设地点：AL Tawia, AL Ain, Abu Dhabi
设计单位：Pattern Design Limited
用地面积：4.34 hm²
建筑面积：4.6 万 m²
建筑结构：混凝土 + 钢
建筑材料：聚四氟乙烯（PTFE），PVC 屋面，砌块墙，玻璃幕墙
建筑层数：6（包括地下室）
建筑高度：53 m（从地下室到屋顶）

座席数量：25 000 座
项目负责人：Dipesh Patel
建筑专业：Pattern Design Limited
结构专业：Thornton Tomasetti
景观专业：Broadway Malyan
施工单位：BAM International
设计时间：2011 年～ 2014 年
建成时间：2014 年 5 月
图纸版权：Pattern Design Limited
摄　　影：Dennis Gilbert

Hazza Bin Zayed体育场是阿拉伯联合酋长国职业联赛顶级俱乐部之一——阿莱茵（Al Ain）足球俱乐部的主场。Pattern建筑事务所将城市独特的历史和气候特征融入这座FIFA级别、25 000个座席的建筑组构之中，彻底改变了海湾地区体育建筑的形象。

阿莱茵是阿布扎比酋长国第二大城市，已有千年历史。得益于自然形成的复杂的地下水falaj灌溉系统，当地的枣椰树种植闻名遐迩。就地理位置而言，阿莱茵属于常年干旱的沙漠气候。基于这些外在条件，Pattern建筑事务所受到枣椰树叶循环的分形几何的启发，利用最新的参数化技术创造了建筑复杂的外部立面。"枣椰树干"立面是对周围环境一种诗意而创新的表达，同时还充当被动降温装置，既能遮挡白天的热量，又能引入流动的新鲜空气，不仅为看台区营造了舒适的环境，而且有助于场地内草皮的生长。

Hazza Bin Zayed体育场的罩棚是海湾地区首个专为遮阳设计的案例。海湾地区的绝大多数体育场的罩棚以欧洲的适用于湿润气候的滴水线罩棚形制为基础，并不适合。为了应对当地的气候，Pattern建筑事务所从阿拉伯头巾上获得灵感，设计了一个弯曲的引力偏折（gravity-bending）的遮阳罩棚，既能在比赛时为场地和观众提供阴凉，又能在白天为赛场提供足够的日照以保证自然草皮的茁壮生长。漂浮般的罩棚令所有观众能够视野毫无遮挡地欣赏比赛，使得比赛时场内的气氛更加热烈。

对于观众席的细分，设计进行了重点研究，与美国或欧洲的样式有很大不同。为了创造更高价值的座席，建筑师设计了独特的倾斜切削的较低看台层。体育场是步行优先、减少车辆对视觉和环境影响的补充性功能更广范围开发的一部分。它是经典的社区体育场原型，是融入城市环境中的俱乐部，而不是置身于停车场海洋中的遥不可及之处。为达到这一目标，体育场的主要功能区都集中在西侧看台以最大化非比赛日的使用机会，创造全年充满人气的活跃之地。除了有助于服务更多的人群，这种设计方法还可以吸引更多的青年人、老年人、男性、女性、整个家庭和球迷来到球场。

The newly completed Hazza Bin Zayed (HBZ) Stadium is the home of Al Ain Football Club, one of the leading clubs in the United Arab Emirates Pro League. Designed by Pattern, the 25,000 seat FIFA class football stadium reinvents the sports architecture sector in the Gulf region by embedding the city's unique historic and climate into the very fabric of the architecture.

Al Ain is the second-largest city in the Emirate of Abu Dhabi and has been inhabited for thousands of years. It is well known for its date palm plantations, which are possible due to the naturally-occurring ground water harnessed via a complex falaj irrigation system. Due to its location, the city of Al Ain experiences a dry and arid desert climate.

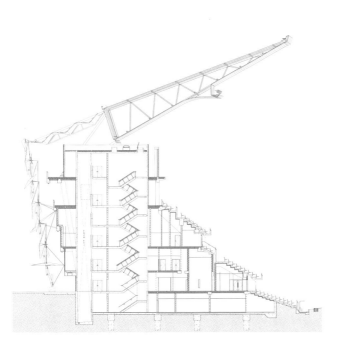

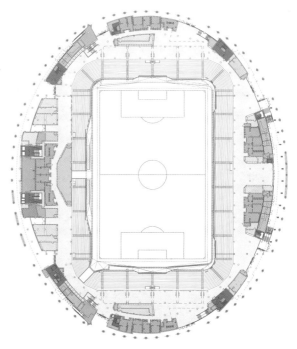

1　建筑入口
2　看台剖面
3　主入口层平面

1

2

3

4　受枣椰树叶循环的分形
　　几何启发设计的复杂的
　　外部立面
5　体育场外立面遮阳概念
　　示意

4

5

In response to these factors, Pattern have used the latest parametric technology to create a complex outer facade, which is inspired by the rotating fractural geometry of date palm fronds. This "Palm Bole" facade references its context in a poetic and progressive way and acts as a passive cooling device; shading the building during the heat of the day whilst allowing fresh air to flow. Within the bowl this creates comfortable spectator conditions and aids grass growth for the pitch.

The roof for the HBZ Stadium is the first example in the Gulf region that is specifically designed for solar protection. Most stadia in the Gulf are based on the European model of a drip-line roof that has been developed for wet climates and are therefore redundant in most cases. In reaction to this, Pattern took inspiration from the Arabic head-dress and developed a sinuous and gravity-bending parasol roof that shades the pitch and its spectators during a match, whilst allowing enough sunlight on the pitch during the day to allow the natural pitch

to flourish. The apparent levitating nature of the roof allows all spectators an unobstructed view of the action and intensifies the atmosphere within the bowl during a match.

A key area of investigation was the audience segmentation, which is very different to an American or European model. The unique slope cut lower tier addresses this by creating more high value seats. The Stadium is part of a wider development of complementary uses that prioritise pedestrians and reduce the visual and environmental impact of cars. As a typology the HBZ Stadium is very much a stadium in a community; a club ground in an urban context, not a remote venue in a sea of parking. To this end, stadium assets are concentrated in the west stand to maximise non-match day opportunities and create a vibrant year-round destination. As well as supporting the broader development, this approach will expose a wider demographic to the Stadium: young, old, male, female, families and football fans.

6

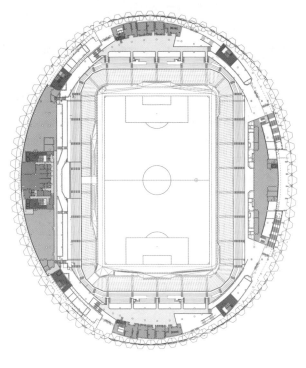

7

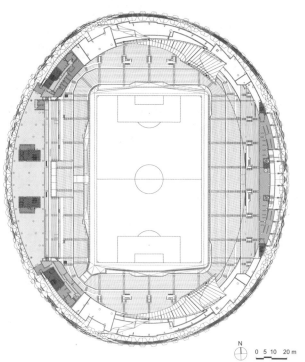

8

N
0 5 10 20 m

9

10

6 弯曲的引力偏折的罩棚是海
  湾地区首个专为遮阳设计的
  案例
7 主夹层平面
8 二层平面
9 俱乐部休息室
10 球员更衣室
11 餐饮区

REFLECTION OF THE YANGTZE RIVER'S SOUTHERN AREAS: THE DESIGN OF ZHOUSHI CULTURE & SPORTS CENTER IN KUNSHAN

江南映象——昆山周市文体中心设计

UDG联创国际 | United Design Group Co. Ltd

项目名称：昆山周市文体中心
业　　主：昆山周市镇政府
建设地点：江苏省昆山市周市镇
设计单位：UDG 联创国际
功能组成：文化馆，综合体育馆，游泳馆
用地面积：4.69 hm²
建筑面积：3.14 万 m²
建筑结构：钢筋混凝土框架＋桁架结构＋网架结构
建筑材料：铝板，石材
建筑层数：5

建筑高度：28.6 m
项目负责人：杨征，张煜，周松
建筑专业：杨征，张煜，周松，刘艳林，钟凯，钱谦
结构专业：王凤荣，龚凯，贾建坡
设备专业：潘晓光，杨宗俊，李春莲，郑润超，翟志斐，王呈祥
施工单位：振华建设集团有限公司
设计时间：2010 年 6 月～ 2011 年 4 月
建设时间：2011 年 5 月～ 2013 年 7 月
图纸版权：上海联创建筑设计有限公司
摄　　影：苏圣亮

　　周市镇是昆山城市北部片区中心，随着强劲的经济增长，新城正进入超速发展阶段。巨大的城市建设将大片的空白区域快速转化为城市新区，这些瞬时涌现的新城区千篇一律，缺乏对历史文脉的传承。借着昆山公共文化服务功能升级的需求，昆山市规划局与周市镇政府决定建设一座综合性群众活动中心。在这个项目里，我们不仅对建筑造型艺术和建筑技艺进行探索，同时积极介入前期策划，与规划部门共同研究项目定位与经营策略，以期填补缺失的城市功能，并对当地地域文化做出呼应和诠释。

弥补缺失的城市功能

　　项目周边是典型的城市化进程中快速、大量建造且各自封闭的高层住宅区，除了偶尔出现的沿街商铺外并无其他公共设施，因而我们首先确定了微型城市的设计策略，力图从建筑之外的角度对该地块的城市更新施加影响。在大量调研及与规划部门的多次探讨后，我们最终确定以文化图书馆、篮球馆、游泳馆为主，辅以多功能演播厅、文化与艺术展厅、教育培训教室、休闲商业平台等功能于一体的综合性文体中心的方案，涵盖了体育、文化、教育、休闲、商业等多元业态与配套设施，完善了整个区域的城市功能，进而为城市注入新的能量。

塑造差异性的建筑形态

　　我们期望通过大气动感的建筑形态刺激公众的眼球、吸引人们参与，并加大与周边建筑的差异性来打破城市空间的沉闷平淡。设计采取了整体巨构的手法，将所有的场馆集中、叠加在巨型的深灰色金属屋顶之下。金属屋顶随着不同功能场馆的使用内容与高度要求进行折叠、倾斜、起伏、剪切，配上精心点缀的天窗与开洞，追随功能的同时塑造出一座充满动感的城市雕塑。功能紧凑、集中复合化的设计使建筑整体大气，并节约了1/3的用地，为今后发展预留了可能性。

1

打破建筑与城市的隔阂

设计力图模糊传统的建筑、广场、景观的概念，在建筑中创造出如城市广场、街道般的有趣空间，使建筑本身成为城市空间的延续。我们在巨构屋顶下营造开放的大型灰空间广场、贯穿建筑二层的漫步街道，并插入3个不同面目的庭院，在多个方向上形成开口和空洞。这些空间使建筑不再是界定广场的边界，而成为广场及景观空间的延伸，并带来了多层次的空间体验，以一种透明、开放的姿态为市民提供聚集和社交场所，凸显了文体中心的开放性与参与性。

传承城市的历史文脉

昆山市具有浓郁的江南地域特色与悠久的历史文脉，文体中心的设计立足于当下，通过现代的建筑语汇、丰富的体量组合、材料的质感与色调、多层次的庭院空间来抽象表达江南清秀、婉约、朦胧的神韵。折叠转折的金属屋面、错落有致的场馆组合与江南建筑连绵起伏的青瓦屋面产生通感。铝镁锰屋顶，毛面石材幕墙，半通透的丝网印刷玻璃，木色铝合金吊顶，局部点缀的金属张拉网与穿孔铝板等现代材料，呼应白墙青瓦的江南建筑色调。多相庭院的引入虽然不能再现传统园林的风貌，但带来了同样多层次的空间体验。这些共同形成了设计所追求的江南映象，通过写意的方式表达对传统建筑与文化的敬意。

文体中心建成后运营顺利，受到了周边乃至更大范围内居民的欢迎。后期根据经营情况又对业态做了局部调整，引入了小型的电影院与儿童主题的教育娱乐业态，这些都得益于设计时就在功能布局与设备配置中留有一定灵活性。据不完全统计，目前日平均到访公众2 000~3 000人次，周六、周日则超过了3 000人次。周市文体中心重塑了周边的城市空间，激发出新的城市活力，并成为传播周市文化的载体，既传承传统又具有鲜明的时代特征。

1 建筑入口广场

2

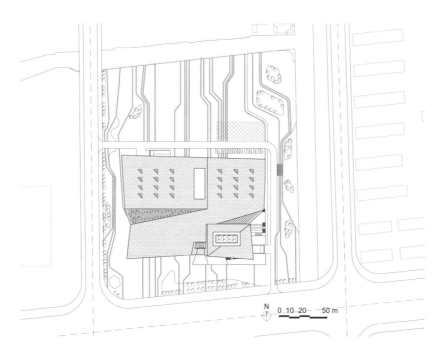

2 设计通过加大文体中心与
  周边建筑的差异性来打破
  城市空间的沉闷平淡
3 总平面
4 一层平面
5 二层平面
6 巨型屋顶下的开放广场

N 0 10 20 50 m

3

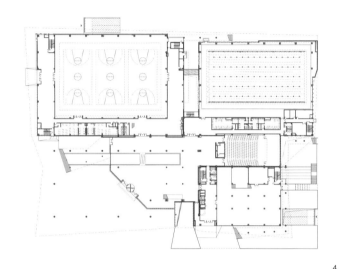

4

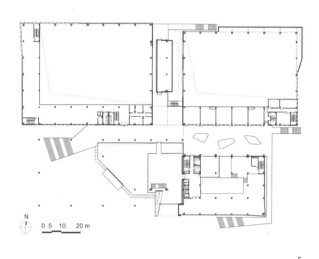

5

6

7

8

7　金属屋顶随不同的使用内容
　　与高度要求进行倾斜
8　漫步街道贯穿建筑二层
9　庭院成为广场及景观空间的
　　延伸，凸显文体中心的开放
　　性与参与性

9

10

0   5   10   20 m

11

12

10 游泳馆内景
11 剖面
12 图书阅览空间
13 篮球馆

13

HONG KONG VELODROME, CHINA
香港自行车馆

巴马丹拿集团 ｜ P&T Group

项目名称：香港自行车馆

业　　主：香港特别行政区政府康乐及文化事务署，
香港特别行政区政府建筑署

建设地点：香港将军澳

设计单位：巴马丹拿集团

合作单位：V-World Wide，Inc.

用地面积：6.6 hm²

建筑面积：3.7 万 m²

建筑结构：钢筋混凝土框架结构 + 钢结构

建筑材料：钢筋，玻璃，铝合金，木材

建筑层数：4

建筑高度：30 m

项目负责人：Janette Chan，Tsang Ho Yin

建筑专业：William Yuen

结构专业：Ove Arup & Partners Hong Kong Ltd.

设备专业：WSP Hong Kong Ltd.

施工单位：瑞安建筑有限公司

设计时间：2008 年

建成时间：2013 年

图纸版权：巴马丹拿集团

摄　　影：巴马丹拿集团

概述

该项目是香港第一个室内自行车馆，它不仅为竞技体育服务，而且为社区大众服务。对于香港自行车车队队员和当地运动爱好者来说，这座拥有符合国际标准专用场地的自行车馆，既可以满足其训练要求，免除他们前往内地自行车馆训练的长途跋涉之苦，同时作为一种催化剂，可以促使更多当地的运动爱好者练习此项运动并充分挖掘自身潜力。系统的场地自行车训练课程对于初学者而言十分必要，使他们在技能提升的同时更能安全享受此项运动带来的乐趣。

对大众，尤其是将军澳的居民来说，自行车馆和市镇公园为促进更多人参与体育和娱乐活动起到了积极作用。居民们可以预定多功能运动场地或者其他活动室，也可以在公园绿树成荫的开放空间中享受休闲时光。公园中层层跌落的景观平台将自行车馆和原有的步行桥连接起来，以方便大众进入。

自行车馆旨在使香港跻身世界竞技体育之林，馆内配备了符合国际标准的场地自行车专用设施和设备，可举办世界级赛事。它的落成标志着香港拥有了举办大型高水平场地自行车比赛的能力。自行车馆的内外部设施为专业运动员和社区大众提供了真正的理想选择。

设计理念

椭圆的造型和独特的波纹状屋顶的设计灵感来自自行车头盔的外形。在精心设计之下，屋顶仿佛飘浮于公园上空，大大地削弱了建筑的体量感。广场四周都有方便居民进出的出入口。

建筑的基本功能是为香港自行车队提供一个训练基地，同时也为大众提供多种多样的娱乐和运动设施。最值得称道的是，馆内的250 m室内自行车赛道和辅助设施达到了国际自行车联盟制定的国际最高标准——一类室内自行车馆的标准。其他设施被精心安排在自行车道的周围，包括多功能场地、健身室、乒乓球室、舞蹈室、儿童游乐室以及餐厅和自行车运动用品专卖店。

可持续性

自行车馆的设计融入了许多可持续的环保措施，包括屋面雨水收集系统。金属屋面将雨水收集到一个45 m³的水箱中，可以满足每日25%的灌溉用水量。

屋面安装的光伏电池板每年可并网发电达34 000 kW·h，相当于减少23 800 kg的CO_2排放量，每年可节省3万港元的电费。同样装设于屋面的太阳能板每年生成153 000 kW·h的能量，可满足加热用水的80%的消耗，相当于减少10 700 kg的CO_2排放量，每年可节省14万港元的电费。

供暖、通风和空调系统的设计力求降低总体能耗：水暖设备安装有高效的发动机；可变风量系统被用来降低空调能耗；安装了能量回收轮的空气处理机组系统可以预冷或预热新风。

另外，自行车馆内安装了高效、无摩擦冷却机和可持续监控运行情况的全自动智能系统，使得制冷系统的能耗降低了30%。

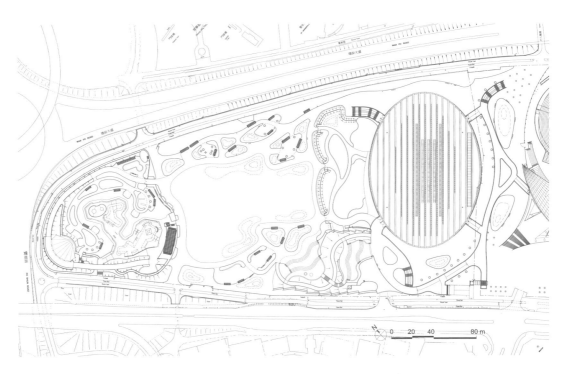

1 鸟瞰
2 总平面

3

4

Project Description

Hong Kong's first indoor velodrome not only serves elite sport but also the community at large. For Hong Kong Cycling Team members and local athletes, the velodrome is a dedicated international standard venue where they can hone their skills and avoid long hours travelling to venues in Mainland China. It is also intended as a catalyst for the training up of more local athletes and to enable them to fully realise their potential. Organised track cycling training courses develop the skills necessary for beginners to safely enjoy the fun of track cycling.

For the general public, especially Tseung Kwan O residents, the velodrome and town park are an active encouragement to greater participation in sport and leisure activities. Residents can make reservations for the multi-purpose arena or other activities room as well as enjoying leisure time within the rich greenery and open spaces of the town park. A cascading landscape deck rises from the town park providing physical connections with the velodrome and existing pedestrian footbridges to facilitate public access.

This new facility aims to place Hong Kong firmly on the map of destinations around the world promoting elite sports. The specialized equipment and facilities for track cycling are of the international standards required for world-class events. Its completion marks Hong Kong's achievement in owning a venue that is well suited to hosting large-scale and high-level track-cycling competitions. Both internally

and externally, the development provides a veritable smorgasbord of facilities for both elite athletes and the community.

Design Concept

The elliptical form and distinctive ribbed roof is inspired by the profile of a bicycle helmet. The roof is designed to appear floating above the park which reduces the apparent bulk of the building. Convenient access is also allowed at concourse level around the entire perimeter.

Whilst the primary function of the building is to provide a training base for the Hong Kong Cycling Team, it is also important to provide diversified recreational and sporting facilities for the general public. The venue boasts a 250-metre indoor cycling track with supporting facilities that meets the highest international standards of the Union Cycliste Internationale- designation as a Category 1 indoor velodrome. Additional facilities were carefully planned around this and include a multi-purpose arena, fitness room, table-tennis room, dance room, children's playroom together with restaurant and bicycle pro-shop.

Sustainability

The velodrome design incorporates a number of sustainable and environmentally -friendly features.

These include a rainwater harvesting system that collects rain-

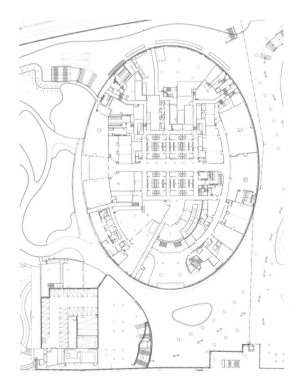

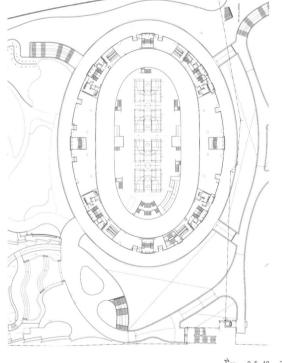

3 自行车馆整体造型的设计灵
  感来自自行车头盔的外形
4 椭圆的造型和独特的波纹状
  屋顶
5 一层平面
6 二层平面

0 5 10   20 m

5

6

7

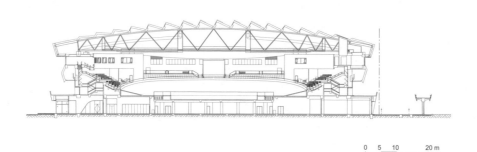

0   5   10   20 m

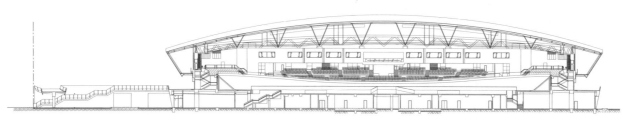

8

water from the metal roof for irrigation purpose. Rainwater will be stored at a 45 cubic metres harvest tank which can meet 25 percent of daily irrigation demand.

Photovoltaic panels are installed on the roof and can generate up to 34,000 kW·h grid-connected electricity per year. This is equivalent to a reduction of 23,800kg CO_2 generation and a cost saving of about HK$30,000 on electricity costs per year. Solar panels are also installed on the roof generating up to 153,000 kW·h energy per year or energy for 80 percent of annual hot water consumption - equivalent to a reduction of 107,00kg CO_2 generation and a cost saving of about HK$140,000 on electricity spending per year.

The heating, ventilating and air-conditioning system is designed to reduce overall energy consumption. High efficiency motors are used for the plumbing equipment, variable air volume system is adopted to reduce air-conditioning energy, AHU system is equipped with energy recovery wheels so as to pre-cool/warm the fresh air.

High efficiency, frictionless chillers were selected, together with an automated building system that continuously monitors the system's performance to entire optimum efficiency. As a result, reductions of up to 30 percent on energy use for a chiller system can be achieved.

9

7 室内自行车赛道及多用途活动场地
8 剖面
9 自行车馆内的其他设施被安排在自行车道周围
10 自行车馆的内外部设施为专业运动员和社区大众提供了真正的理想选择

10

TUANBO INTERNATIONAL TENNIS CENTER (PHASE 1), TIANJIN, CHINA
天津市团泊国际网球中心（一期工程）

CCDI悉地国际设计集团 | CCDI

项目名称：团泊国际网球中心（一期工程）

业　　主：天津中冠网球中心投资有限公司

建设地点：天津市静海县

用地面积：19.47 hm²

建筑面积：4.4 万 m²

设计单位：CCDI 悉地国际设计集团

合作设计：美国 KDG 建筑设计有限公司

建筑结构：钢结构 + 钢筋混凝土

建筑材料：聚碳酸酯板

建筑层数：体育会所 5 层，半决赛场 2 层

座席数量：4 000 座

项目负责人：吕强

建筑专业：邱康，鞠戎赫，任劭，杜燕

结构专业：杨想兵，廖新军

设备专业：张建仁，易伟文，邹正达，姜明军，杜于蛟，王娟

景观专业：法国欧苾景观设计咨询（上海）有限公司

施工单位：中建股份有限公司

设计时间：2009 年～ 2010 年

建成时间：2013 年

图纸版权：CCDI 悉地国际设计集团

摄　　影：傅兴

意大利建筑师奈尔维在《建筑的艺术与技术》一书中，这样描述：

"几年来，我曾想从两个角度来研究古代和现代的建筑作品：一是按建筑专业工作者对建筑方法的种种问题能够理解、评价和鉴赏的观点；一是以一个非技术人员的角度来看建筑——只考虑建筑的艺术方面，并以观赏一件艺术品的自由精神来寻求建筑美的感受。

"这种双重的研究使我得出结论认为：一个技术上完善的作品，有可能在艺术上效果甚差，但是，无论是古代还是现代，却没有一个从美学观点上公认的杰作在技术上却不是一个优秀的作品。看来，良好的技术对于良好的建筑来说，虽不是充分的，但却是必要的条件。"

体育建筑的特点明显：功能分区明确且固定；内部空间排列规律；场地设计固化；体量足够巨大。所以，体育建筑通常被赋予很多特殊意义，从而成为城市或区域的标志性建筑，代表了地域性的崛起与复兴，其建筑造型处理尤为重要。

团泊国际网球中心也不例外。

作为2014WTA天津公开赛举办场地的团泊国际网球中心，坐落于以体育和健康为主打产业的静海团泊新城西区的天津健康产业园内，紧邻团泊足球场、萨马兰奇纪念馆、尚柏奥特莱斯广场和团泊湖湿地。园区空气清新，风景宜人，尽享湖光美景。

这座定位于国际赛事、商务休闲、全民体育相结合的网球中心，

由中心赛场（二期工程）、半决赛场和体育会所组成。目前，已投入使用的场地17片，包括12片室外灯光球场、4片室内预赛场和一座能同时容纳4 000人的半决赛场。体育会所设施功能齐全，包含一个国际标准的20道保龄球馆、健身房以及自助餐厅等，可满足赛时和非赛时餐饮、健身、休闲的需要，不仅提供了舒适的锻炼和休闲环境，也为承接高级别国际顶级赛事创造了条件。

从2013年投入使用至2014年10月，团泊国际网球中心已承办了东亚运动会网球比赛及保龄球比赛、2013ITF国际男子网球巡回赛、2014ITF国际女子网球巡回赛、2014天津ATP国际网球挑战赛、2014ITF国际青少年网球巡回赛等众多国际赛事。

设计理念

对于这一静海团泊新城的启动区项目，如何在一片城市新区找到一种语言来赋予这组建筑以区域标记的意义？设计最终选择以纯净的体量和韵律性符号进行解答。

三栋建筑按"品"字形布局在巨大的场地周边，依据城市的肌理、建筑的功能和赛事的要求，中心赛场（二期工程）设于东侧，半决赛场和体育会所设于西侧，三栋建筑造型相似，体量不同，围合形成中部的室外场地和观众活动区，最大限度地实现了公园化设计理念。

体育建筑对观众流线与其他使用人群流线的分离有非常严格的要

1

求，常通过设置二层平台进行立体分流，但往往会对景观造成破坏，而且大幅增加不必要的建筑面积和投资。为了实现项目整体的公园化构想，设计采用地面层内、外分流的方式来隔离观众和其他人群，运动员、裁判员等在外围进入赛场的地下空间，通过垂直交通到达赛场周边的辅助空间，并进入赛场，最大限度地将红线内的场地留给了观众，同时保证了场地内景观的完整性。

三栋建筑"碗"状的纯粹造型具有其自身的美感，但若过于对称会稍显呆板，因此我们在每个碗状的核心外部加罩了一个倾斜的圆柱体，造型依旧纯粹，却使各自单体富于动感的方向性和潜在的能量。三个形体之间的互动形成"步移景易"的视觉效果，达成一种动态的平衡。

独特的幕墙系统

在建筑空间中，光线是非常重要的一部分。光与色彩、形体、空间、人的视线之间的关系，会随着时空变化，明暗交错中呈现出流动的美。相对于常规的体育建筑而言，本项目外露的全钢网架结构造型简洁，纹理活泼，极富时代气息，但如何在自然光下将场馆本身的"健与美"完美地展现，让光与影协调一致，通常是件复杂的事情。

设计最终选择聚碳酸酯板作为幕墙系统的主要材料。通过对聚碳酸酯板进行定制加工，改变其单元的力学特性，并通过标准化的设计

实现了"柔美"的建筑材料与"强硬"的结构材料之间的结合。

通过合理控制钢结构表面的百叶，可以实现良好的采光、表面热分布乃至自然气流的引导，不仅有利于营造更宜人的环境，而且与耗能较大的机械调节相比更加低碳和环保。

在建筑体量控制之下，大量的分析、推敲工作集中在幕墙深化设计环节。幕墙系统的构件设计是最容易被忽视的"细节"。很多建筑师在初次接触幕墙系统工程时，常常认为这是供货商或者幕墙深化设计单位的工作。恰恰相反，真正出色的幕墙系统设计，最重要的正是它的安装构造设计。只有真正关注到构件的尺度、材质和安装方式等，方可控制最后的成品效果。

我们在该项目中最大的突破是通过对材料的深入研究，借助参数化的设计工具，独创了一套适用于大型公共建筑"灰空间"的幕墙系统。这套系统重量轻，颜色及质感变化多样，通风节能，遮阳良好，可以完美地与LED灯光匹配，并大幅减轻结构重量，同时具有良好的安全性、经济性。

最终，幕墙系统高完成度的实施，赋予了这组建筑与网球运动一般的绅士风格，沉稳内敛，注重细节，达到了建筑艺术与技术的高度统一。

1 建筑外观

2

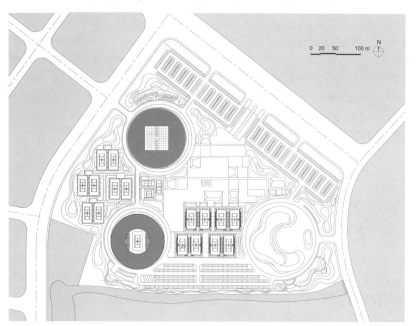

3

2 体育会所：碗状核心外部加
　罩的倾斜表皮赋予建筑动
　感和能量
3 总平面
4 通过合理控制全钢网架结构
　表面的百叶，可以实现良好
　的采光、表面热分布乃至自
　然气流的引导

4

5

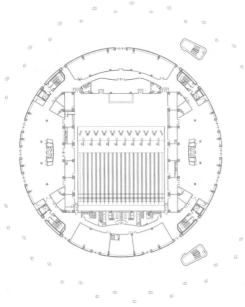

6

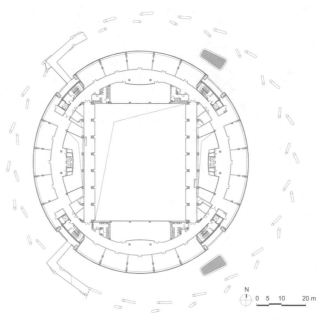

7

5 体育会所中国际标准的 20
   道保龄球馆，配合完善的餐
   饮、休闲设施，不仅提供了
   舒适的锻炼和休闲环境，也
   为承接高级别国际顶级赛事
   创造了条件
6 体育会所一层平面
7 体育会所二层平面

8

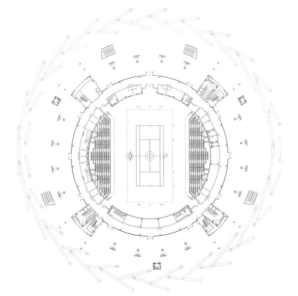

8 能同时容纳4 000人的半决
  赛场
9 半决赛场一层平面
10 半决赛场二层平面

9

N

0 5 10   20 m

10

CASTELÃO ARENA, FORTALEZA, BRAZIL
巴西 Castelão 体育场

Vigliecca & Associados建筑设计事务所 ｜ Vigliecca & Associados

项目名称：Castelão 体育馆

业　　主：Governo do Ceará

建设地点：巴西塞阿拉福塔雷萨

设计单位：Vigliecca & Associados 建筑设计事务所

用地面积：23 hm²

建筑面积：16.3 万 m²

建筑结构：钢筋混凝土

建筑材料：混凝土，钢材，玻璃，预制钢板体系，不锈钢，TPO 薄膜，聚碳酸
　　　　　酯（树脂），水泥平板

建筑层数：6

建筑高度：48.25 m

项目负责人：Héctor Vigliecca，Luciene Quel，Ronald Werner

设计团队：Neli Shimizu，Carolina Bertoldi，Bianca Riotto，Fabio Pittas，
　　　　　Hernani Paiva，Kelly Bozzato，Luiz Marino，Mayara Christ，
　　　　　Pedro Ichimaru，Rafael Alcantara，Paulo Serra，Luci Maie

结构专业：Projeto Alpha，MD Engenharia，Pengec Engenharia e
　　　　　Consultoria，STO

设备专业：Techna Consultoria，Fase Engenharia，Comaru

景观专业：Rodolfo Geiser Landscape

施工单位：Galvão Engineering and Andrade Mendonça

设计时间：2008 年~ 2011 年

建成时间：2012 年 12 月

图纸版权：Vigliecca & Associados 建筑设计事务所

摄　　影：Leonardo Finotti

　　Castelão体育场是2014FIFA世界杯首个落成的赛场，既是最近4届世界杯中最经济的赛场，也是南美洲第一个获得LEED认证的场馆。它的与众不同使其成为一座国际标准的建筑纪念碑，和谐地融合了过去与未来。

　　该项目的主要目标是将场馆改造成一个多功能、可持续性体育场。改造后的建筑的特别之处在于将原有结构和新建结构一体化，而且即使空无一人，也呈现出宏伟、热闹之感。

　　我们试图将Castelão体育场设计成"城市事件的场所"，并且为这些事件提供空间，因此没有设置地面停车场，而是将体育场面向一个巨大的广场敞开。该广场位于两个看台之间，既作为通向体育场的集散通道，也可作为安置设施器材的临时场所，与项目组成之一的赛阿拉（Ceará）州运动秘书处办公楼所在地形建立起联系，而且与形成并影响周围环境的其他设施相互联系。

　　除了翻修之外，新的设计更赋予这座原建于20世纪70年代的体育建筑延续性和辨识度。体育场外部体量由透明表皮包裹，当进入体育场后，被俗称为"混凝土巨人"（concrete giants）的原有立柱得到应有的处理，尽管建筑经过了翻修，但其原有特点仍被保留下来。

　　这些"混凝土巨人"沿自身的斜度立着，控制性元素成为发展新的钢结构和建造逻辑的概念。混凝土结构周围安装了60个桁架柱，其功能主要在于减少看台的震动以及支承新的屋面结构。

　　屋面结构被设计为可采用独立的模块化部件进行安装，从而加速了安装进程。我们选择了尽可能轻质高强的结构，这项决定令仅使用小型可移动起重机来代替大型固定起重机成为可能。

　　屋面结构能够为所有的观众提供遮蔽，从而带来舒适的温度及充足的通风。在场内任意位置都可以毫无遮挡地尽览整个赛场。屋面收集的雨水用于清洗洗手间和灌溉植被区。

　　为了强化赛场的概念，即一种让观众更靠近场地的体育场设计模式，本项目的球场被设计得较低，同时最低处的看台向球场平移30 m，观众和运动员的距离只有10 m。球场的草坪选择Celebration型草种Bermuda Tifton，于球场上栽种并生长。

　　大约70%的上层看台被保留下来，原有建筑仅有约1/5的部分被实施爆破（该爆破操作获得了世界爆破精密工程奖，World Demolition Precision Engineering Award）。所有的高复杂性功能都集中在本项目新设计的模块中，满足了诸如VIP区域、新闻发布中心、控制间、混合区、休息室、餐厅等高技术装置的需要，同时也使时间和资金得到了最优化的利用。

　　基于对优化的考虑，低层看台的建造过程采用了一种全新的方法，即预制斜坡混凝土板的方法。看台上的座椅也值得一提，因为它

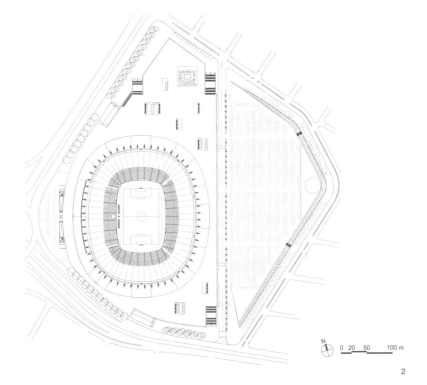

们可被回收利用而且非常耐用，这样的座椅也被用在2012年伦敦奥运会主体育场和2010年南非承办的FIFA世界杯决赛的足球城体育场中。

在建造过程中采用的一些措施最终降低了对周围环境的影响，包括使用既有结构、通过再生工厂来重新利用建造过程中所有的混凝土、采用车轮清洗以避免淤泥和尘土污染施工现场、从拆毁的部件中的钢结构分离出金属物质回收用于屋面结构。除此之外，Castelão体育场内完好的座椅、得分板、草坪，罩棚等原有设施被捐赠给一些小型体育场。

体育场的建造过程中一直致力于节约材料，并且主要使用当地材料，由此节省了大量的钢材和混凝土，仅仅通过节钢和节水技术就降低了67.61%的饮用水使用量。体育场安装的空调系统不使用制冷气体，如造成臭氧层破坏的CFC（氯氟烃）。

Castelão体育场不仅诠释了其现代化多功能、可持续性都市设施的角色，还满足了城市和居民的所有期待。作为遗产，该体育馆赋予了福塔雷萨一个具有象征意义和旅游价值的建筑纪念碑，它不仅能够举办各种体育赛事，而且还能够承办各种大型的国际表演，从而强化该区域的都市发展前景。

1 鸟瞰
2 总平面

N 0 20 50 100 m

2

3

3　体育场混凝土结构周围安装
　　了60个桁架柱，其功能主
　　要在于减少看台的震动以
　　及支承新的屋面结构
4　体育场没有设置地面停车
　　场，而是面向一个巨大的广
　　场敞开
5　看台剖面

4

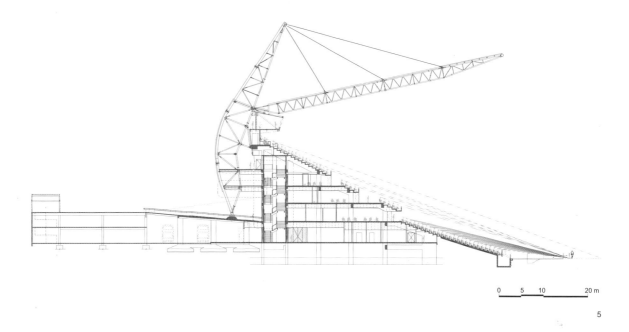

0   5   10   20 m

5

First one to be ready for the 2014 World Cup, the most economical arena in the last four World Cups and the first one in South America do receive a LEED Certification, Castelão stands out as an architectural monument of international standards, where the new and the old harmoniously coexist.

The main goal of the stadium remodel project was to transform the stadium in a multi-function, sustainable arena. Today Castelão is unique due to its ability to integrate part of the existing structure with the new one, and also for feeling grand and eventful even when empty.

The Castelão Arena was designed to be "the place for urban events" and to offer space for these events, the parking lots were eliminated, opening up into a great plaza. Located between two grandstands, this plaza works as an access hall to the stadium as well as a place to house temporary installations. The place establishes a relation to the topography where the State of Ceará Sports Secretariat was built as a part of the project, as well as other facilities that establish and interface the surroundings.

Despite renovations, the new design gives continuity and legibility to the original 1970's project. The external volume of the stadium was enclosed by a translucent skin, but when entering the stadium the "concrete giants" - popular name for the original columns - are given their deserved relevance. The stadium has been renovated, but its identity was preserved.

The "concrete giants" establish through their inclination, the commanding element used as the concept to develop the new steel structure and the constructive logistics. Around the concrete structure, there were installed 60 steel trussed columns that had two main functions: to diminish the vibrations from the stands and support the new roof structure.

The roof structure was designed to be mounted using independent, modular pieces, which would accelerate the installation process. We opted for the lightest yet most rigid structure possible. This decision made it possible to use only small, moveable cranes instead of large fixed ones.

The roof structure accounts for 100% coverage of all spectators, which allows for thermal comfort and adequate ventilation. From any location in the stadium it is possible to see the whole field without any obstructions. The roof collects rain water that is later used to clean the bathrooms and water the green areas.

To reinforce the concept of an arena, which are a type of stadium design that allows the public to be closer to the field, Castelão's field was lowered and the lowest stands were offset towards the field by 30 m. The distance between the public and the players is of only 10 m, the grass chosen for the field was the Bermuda Tifton, Celebration type, planted and grown on site.

Around 70% of the upper stands were preserved and only a slice of about 1/5 of the stadium was imploded. The operation received the

6

World Demolition Precision Engineering Award. All high-complexity functions were concentrated in this new module that corresponds to programs in need of high technology installations such as VIP areas, press rooms, control rooms, mixed zones, lounges and restaurants. By concentrating these functions in one area, time and money were optimized.

Still considering this optimization, the lower stands construction process was done in an innovative way, using a pre-fabricated in loco, slab on grade process. The benches on the stands are worth mentioning as they are retractable and anti-vandalism, the same ones used in the Olympic Stadium in London in 2012, and in the FNB (Soccer City) stadium which hosted the final game in the 2010 World Cup in Johannesburg, South Africa.

During construction, the arena adopted measures that in the end, reduced environmental impact as the use of existing structures; use of a recycling plant to reuse all of the concrete during construction; use of a truck wheel wash in order to avoid muck and soil wear around the job site; separating the roof's structure metallic from the steel struc-

ture from demolished parts and sending them to recycling. Besides that, old objects from Castelão that were in good shape such as chairs, score boards, grass, canopies amongst other things were donated to smaller stadiums.

During the construction process there was a constant effort to ration materials as well as use mainly local materials, which saved on tons of steel and concrete. The reduction of potable water usage was reduced by 67,61% by simply using steel and water saving technologies. The Castelão installed an air conditioning system that does not use refrigerating gases such as CFC (chlorofluorocarbon) which is responsible for the destruction of the ozone layer.

More than playing its role of a modern, multi-function, sustainable urban equipment, Castelão Arena fulfills all of the expectations of the city and its citizens. As a legacy, Fortaleza is gifted with an architectural monument with symbolic and touristic value, able to not only stage sport events, but also great international performances which enhance the region´s urban development potential.

6　改造后建筑的特别之处在
　　于将原有结构和新结构一
　　体化
7　轻质高强的钢桁架结构

8

9

10

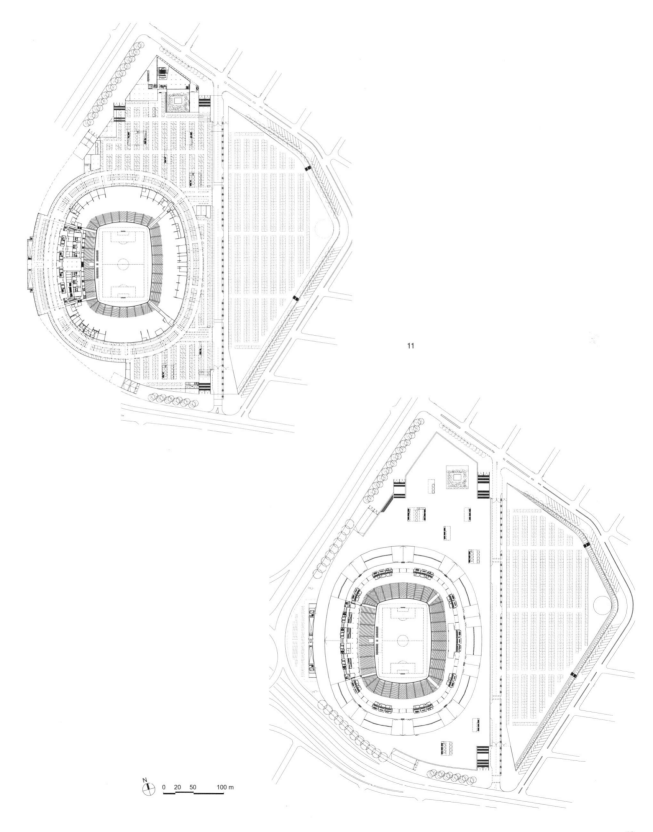

11

N

0 20 50   100 m

12

TECHNOLOGY NODE DESIGN OF DALIAN CITY SPORTS CENTER STADIUM, CHINA

大连体育中心体育场技术节点设计

哈尔滨工业大学建筑设计研究院 | Architectural Design and Research Institute of HIT

项目名称：大连体育中心体育场

业　　主：大连体育中心开发建设投资有限公司

建设地点：大连市甘井子区

设计单位：哈尔滨工业大学建筑设计研究院

合作单位：美国加州纳德华建筑设计公司

用地面积：15.86 hm²

建筑面积：11.96 万 m²

建筑结构：钢筋混凝土框架及钢桁架结构

座席数量：60 832 座

建筑高度：55.60 m

设计总负责：初晓

建筑专业：魏治平，陆诗亮，张玉影，邹波，杜波

结构专业：王洪国，戴大志，刘海峰，程亚鹏

设备专业：常忠海，高鹏，史建雷

景观设计：美国加州纳德华建筑设计公司

施工单位：大连悦达建设工程集团有限公司

主要建材：ETFE 膜材，PTFE 网格膜材

设计时间：2009 年~ 2010 年

建成时间：2013 年

图纸版权：哈尔滨工业大学建筑设计研究院

摄　　影：韦树祥

大连体育中心用地位于大连市甘井子区，西临西北路，南临岚岭路，占地82万 m²，总建筑面积50 万 m²，体育设施建设投资48亿。体育场与体育馆通过"S"形室外景观平台相连，形成体育中心核心建筑组群。体育场观众座席总数6万余座，总建筑面积约12万 m²，设计定位为特级体育场馆，建造标准直接面向举办国际足球及田径相关赛事。体育场拥有别具一格的外观设计，是国内第一座整体罩棚表面材料全部采用ETFE 充气枕材料的体育场。2013 年辽宁省全运会的足球比赛在此刚刚落下帷幕，通过比赛期间的现场观察与感受，直接验证了整个设计过程对诸多节点设计采取的策略（如内场空间设计、罩棚设计、消防设计等方面）是否恰当或符合预期。本文对此部分设计内容进行简要整理，供类似体育场馆设计项目参考。

内场空间设计

1. 看台设计

营造良好观赛空间是体育场馆设计重要内容之一，而看台是体育场馆观赛空间的主要围合界面，此外，看台设计还直接影响体育场的剖面模式及结构形式等方案的确定，因此看台设计是体育场设计之初最重要的环节。大连体育中心体育场在看台整体设计上，追求垂直向度的经济高效和水平向度的分布韵律，两个向度的和谐统一是看台设计的最终目标。根据体育场6 万座的观众规模，设计首先确定了较为高效的剖面布局形式，即分为上部和下部看台两部分，中间通过设置包厢层进行过渡。上部看台和下部看台均采用中行式疏散原则，在

看台的中段区域设置观众休息区，既保证了观众到各自休息区域的最短路径，又保证了休息区域服务空间的高效使用。贵宾休息区及设备运营区则利用空间高度，在夹层予以解决，也保证了使用的相对独立性。看台在水平向度上的设计，主要是确立台口的数量及位置，过多的台口会给人以杂乱和不连续的视觉感受，过少的台口虽然连续性很好，但是在使用中无法保证安全性与舒适性，因此，大连体育中心体育场看台台口设计根据疏散时间、内场围合感、观众行走舒适程度、轴网布置、结构合理程度等方面统筹布置，上部看台和下部看台分别设置34 个台口，纵向过道与之相匹配，做到台口及纵向过道均匀布置且上下对位，在内场形成有韵律地环形分布。

2. 预制看台设计

为了保证观众看台的耐久性及整体视觉效果，大连体育场所有看台均采用预制看台。考虑到预制看台的施工难度及加工经济性，根据预制的允许长度，设计方案将看台的弧形分为若干段，采用"以直代曲"的方式，形成内场环向布置。对于体育场结构设计而言，在设计最初为保证良好的视觉感官效果，要求主体框架环梁按弧形设计与施工，墙体亦砌筑成弧形。但在预制看台的设计中，看台部分的支撑环梁结构若为弧形，与预制看台并置，则会产生视觉冲突，甚至施工磕碰。经过几番与预制看台厂家的深入沟通，确定结构及墙体施工采用两种轴线体系，轴线交点位置不变，而交点间的轴线采用直线或折线形式，与预制看台排布完全保持一致，预制看台下的墙体亦采用折线形墙体与之对应。与预制看台板无关的结构环梁系统，仍然采用"弧

"轴"施工,相应采用弧形墙体。从建成效果看,环梁与其下墙体的一致性达到了良好的视觉效果,符合设计预期。

3. 看台区域排水设计

大型体育场看台区域排水通常根据罩棚整体形态及遮蔽程度进行统筹设计,既要考虑到极端气候的可能性,又要兼顾设置的经济合理性。大连体育中心体育场为全罩棚体育场,罩棚水平投影面积达 4.3 万 m²,看台覆盖率为 76%,罩棚为内聚且前端逐渐降低的形态,对看台雨水遮蔽较为有利。尽管如此,在设计中考虑到海滨城市气候的特殊性,同时结合看台剖面高度形态分析,对已经完全覆盖的上层看台区域仍设置了看台排水系统。在上部看台最前端设置泄水口,在包厢层接入排水立管,一直排到场地层环形通道处,通过排水沟最终排到整体雨排系统中。下部看台的排水系统采用较为常规的模式,在最前端设置排水口,通过雨水管引入场内内环交通沟内的排水沟中。周全的排水设计在整个 2013 年多雨的夏季发挥了关键作用,避免了因看台积水导致房间漏水等一系列问题。

罩棚系统设计

1. 气枕分格设计

大连体育中心体育场罩棚为东西高、南北低的典型"马鞍"形态,因此其材质成为体育场的主要视觉形象焦点。罩棚材质几经设计,通过多轮比选,最终选定采用 ETFE 充气枕形式。此类型罩棚可供参考的只有德国慕尼黑的安联体育场,其气枕的分格为均质、规律

的菱形,以乳白色为主,顶部考虑内场草皮阳光照射而局部采用全透明膜材。作为造型、体量均与其完全不同的体育场,大连体育中心体育场最初也曾尝试以简单而统一的矩形形态为主,分格设计完全与钢结构逻辑保持一致,结构逻辑清晰,但造型效果不够生动。经过不断尝试,总结出气枕分格节点设计中应主要考虑三方面因素,一是风压等荷载要求气枕尺寸不宜过大,根据风洞实验测量结果,尤其在罩棚顶面与立面转折的肩部区域,风荷载较大,必须经过计算进行尺寸划分;二是径向分格要求与钢结构形式紧密结合,避免出现附加的径向构件,导致钢结构主体受力秩序紊乱;三是分格形式应体现大连体育中心整体动态设计理念,尤其与体育馆应相得益彰。经过多轮划分与比选,最终确定以不规则四边形为分格主题,罩棚被分隔成 2 736 块不同的四边形,且径向方向与钢结构主构件完全保持一致,环形通过斜向分格,逐渐上收,形成旋动的整体效果,虽与体育馆形态完全不同,却有异曲同工之妙。

2. 气枕材质选择

ETFE 膜材因生产工艺的特殊要求,目前可供选择的材质种类较少,一般为无色透明膜材(通常采用喷点避免光线的过度透射)、天蓝色膜材、乳白色膜材三种,若增加其他效果与质感,比如金色,则材料价格将大幅提升。考虑到大连的城市代表色为蓝色,且白色和透明材质与蓝色有着相互衬托的良好效果,因此,设计中将重点放在三种不同色彩膜材的组合方式上。设计中具体的原则为顺应分格形式,相间分布,彼此衬托。罩棚整个侧面以透明膜及天蓝色膜为主,利用

2

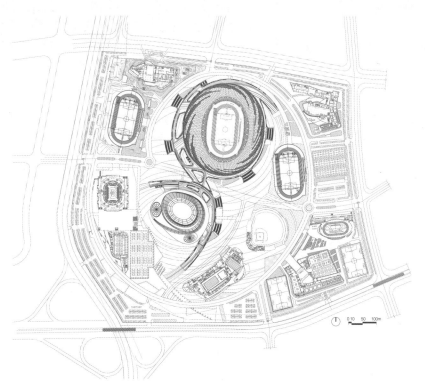

3

2　大连体育中心体育场夜景
3　大连体育中心总平面

其较高的通透性，保证罩棚与看台之间的观众休息空间拥有足够的光线，其中透明膜采用银色喷点，喷点率为46%；顶部罩棚以乳白色膜材为主，避免光线的过度照射而引发观众产生不适。三种不同颜色及质感膜材的搭配进一步强调动态内聚的效果，提升了体育场动态的整体效果。

3. 气枕罩棚排水及挡雪节点设计

体育场罩棚形态内低外高，一部分雨水向场地方向内侧汇集，其余将顺罩棚形态向外汇集排出。为有效收集罩棚前端雨水，体育场罩棚最前边沿设置环形截水沟，经过计算确定截面高450 mm，宽800 mm，根据罩棚前端走向，设置虹吸水口20处，水管沿主体钢结构形态，向下排至整体雨排系统中。其余顶部罩棚雨水采取排水沟形式排出，将气枕间环向凹槽作为排水明沟，利用气枕间径向凹槽，附加板材，形成排水暗管，作为主排水管道。同时因罩棚肩部为圆滑形态，考虑到大连当地冬季存在极端气候的可能，设置有挡雪装置，避免积雪堆积引发局部荷载超大、积雪崩塌坠落伤人等事故的发生。挡雪装置采用不锈钢管沿气枕分格槽布置，具体的位置选择是根据每组径向气枕肩部区域的角度确定的，因其走向为斜向而非环形水平向，所以共设置了3道挡雪装置，以确保构造设置的有效性。

4. 内部遮阳膜设计

根据调研，目前采用ETFE作为罩棚表皮材料的场馆，如德国慕尼黑安联体育场及中国国家体育场，均在内部设置遮阳膜系统。其主要原因在于，一方面，ETFE膜材相比其他材料透光率高，钢结构等构件易在内场形成明显的阴影，影响内场环境；另一方面，从内场看，设置遮阳膜可以有效地对排水管及檩条等附属结构进行遮挡，保持内场空间效果的完整性，同时还具有一定吸声作用。基于上述两点，大连体育中心体育场罩棚内亦设置了遮阳膜系统，采用浅黄色PTFE网格膜材料，以主钢结构为拉结边缘进行布置，将环形马道露出，并保持一定间距，以保证场内灯光的正常投射，同时将受力菱形主支撑结构露出，以增加通透性并形成内场清晰的结构逻辑及韵律。

消防设计重点

大连体育场消防设计的首要问题是建筑定性问题。体育场罩棚最高点高度为55.60 m，看台部分最高点为35.43 m，如若按照高度计算，体育场超过24 m应为高层建筑，但借鉴国内同类型体育场的相关设计定性，并结合消防部门及相关专家的审批意见，最终确定体育场的消防设计按《建筑设计防火规范》中的相应标准执行。在此基础上，体育场的建筑消防设计重点主要集中在以下两个方面。

1. 观众的安全疏散

体育场总座席数约为6万座，如何保证观众快速安全地疏散是设计的重中之重。诸多体育建筑设计实例表明，整体而笼统地根据看台口部宽度计算疏散时间并不一定能够保证观众顺利的疏散，只有保证每条观众疏散路径的畅通，才可以避免滞留、瓶颈和拥堵现象的发生。大连体育中心体育场设计最初便严格执行"来去相等"的设计原则，确保人员疏散路径中不会有人员拥堵的瓶颈现象。下部看台台口为平坡式，宽度为3.2 m，可供6股人流通行，与此台口相对应的是3个纵向过道，每个过道宽度为1.2 m，供2股人流疏散；上部看台台口为阶梯式形式，宽度为3.6 m，中央及两端设置安全扶手，可供6股人流通行，同样为3条纵向过道服务。从看台出口疏散到休息平台后，每个台口均直接对应一部疏散大楼梯，供观众垂直疏散到平台安全区域，楼梯宽度与台口宽度一致。在满足上述设计条件后，疏散时间的计算必然满足规范要求。

2. 场地层消防疏散

体育场的场地层是赛事组织的重要功能区域，场馆规模的差异导致进深各不相同，尤其东、西两侧部分。西侧为主要赛事组织区，运动员区、贵宾区、媒体区等均集中于此，东侧则集中大量平时场馆运营空间，如健身活动场所。大连体育中心体育场6万座席场地层功能房间较多，同时拥有较大面积室外平台，场地层进深最大处已达到72 m，带来的消防问题是：完全室外的安全出口较远，诸多房间门至纯室外的安全出口已超出规范规定的距离。设计中的具体解决策略是：在场地层中央设置内环道，一方面利用环道保证各功能块的相对独立使用，另一方面可以保证各功能区域之间的联系方便，同时根据消防部门及专家的意见，将此条内环道定义为"亚安全区"，此区域内通过设备的系统配套保证相对的安全性，同时设置清晰的疏散指示标识，将通向此区域的门认为是"安全出口"，从而解决了此部分的安全疏散问题。

结语

大连体育中心体育场作为辽宁省承办2013年全运会的分赛场，在整个全运会期间，得到了各级领导及业主的一致好评。回顾大连体育中心体育场的整个设计过程，从最初形态的调整到表皮材料的确定，再到设计中诸多技术节点方案的确定，通过设计团队的不懈努力，让最初充满创意的设想一步步变为现实，欣慰之余，也更坚定了整个团队设计体育建筑精品的信心。

4

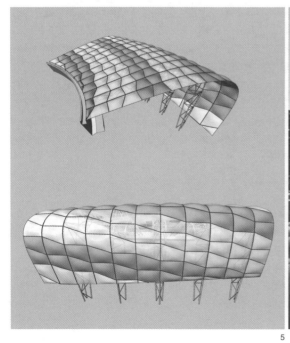

5

6

7

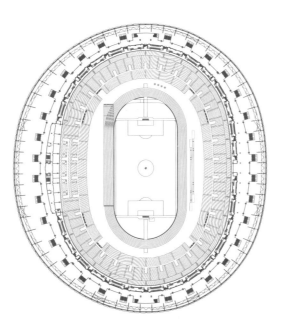

8

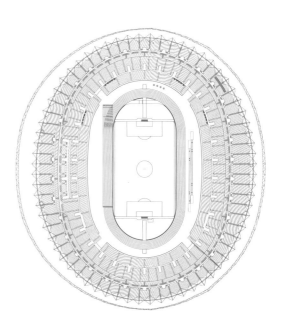

9

4 ETFE 膜材颜色组合（透明、
  白色和蓝色）
5 屋面材质分布示意
6 ETFE 充气枕安装现场
7 大连体育中心体育场日景
8 四层观众入口层平面
9 观众座席层平面

10

11   12

13

14

10 体育场场地内景
11 体育场罩棚
12 内部遮阳膜系统
13 贵宾入口门厅
14 运动员检录大厅

TIANJIN OLYMPIC AQUATIC CENTRE, CHINA
天津奥林匹克水上中心

CCDI悉地国际体育事业部 ｜ CCDI Sport

项目名称：天津奥林匹克水上中心

业　　主：天津天奥公司

建设地点：天津市南开区卫津南路

设计单位：CCDI 悉地国际

用地面积：4.8 hm²

建筑面积：3.7 万 m²

结构形式：钢 + 钢筋混凝土

建筑层数：4

座席数量：3 430 座（其中 981 临时座席）

设计总负责：孟可

建筑专业：胡志亮、曹阳、张景军、张小苏

结构专业：杨想兵、席向宇、崔小民、杜燕

设备专业：李兰秀、平川、孙宝莹、刘文捷

施工单位：中建国际

设计时间：2004 ~ 2007 年

建成时间：2011 年

图纸版权：CCDI 悉地国际

摄　　影：舒赫

总体布局

　　天津奥林匹克中心竞技区东起卫津南路，西至凌宾路，北始宾水西道，南至红旗南路，总体规划用地约56.73 hm²。天津奥林匹克水上中心位于竞技区东南侧，北邻天津体育馆，西侧与奥林匹克体育场隔湖相望。总建筑面积3.7万 m²，按运营职能主要分为比赛区、商业运营区（健康水会及商业办公），两个区域被融合在统一的体形中。

　　1．总体分区

　　南侧规划为观众出入口，比赛区设在场地西南，便于观众从南侧二层进出；媒体入口位于东南首层；贵宾入口位于东侧；技术官员入口位于东北侧首层；运动员入口位于西侧。

　　健康水会区（比赛期间作为热身池）布置在场地东北侧，可以利用北侧的湖面景观，同时与比赛区有良好的交通连接。

　　2．功能布局

　　水上中心为竞技和商业健身相结合的综合建筑，由地下和地上两部分组成。地下部分主要为设备机房和员工更衣室、餐厅等；地上部分主要为比赛大厅、热身大厅、竞赛辅助用房、商业运营用房等。

　　比赛大厅由泳池和看台两部分组成，设有 50 m×25 m 标准游泳比赛池、25 m×25 m 跳水池和成品温水放松池，能满足FINA的各级游泳、跳水、水球、花样游泳的比赛要求。看台总座席数为3 430座，其中固定座席2 449座（包括贵宾席132座，媒体席570座，普通观众席1 747座），临时座席981座。

热身大厅设有热身池、水中健身池、水中康复池和儿童戏水池。

概念的传承

　　天津奥林匹克体育中心的总体规划概念为"三滴水"，充分体现了天津特有的生态环境和自然景观，符合天津市城市整体规划要求。

　　以生命之源——水为主题，利用自然水域的优势，各场馆依水而起，形似飘逸的水滴，体育馆、体育场和水上中心犹如三滴晶莹的露珠点缀在荷叶上，共同构成"三滴水"的概念。其中最大的"一滴"是体育场，承担了2008年夏季奥运会女足赛事；最年长的"一滴"是体育馆，曾举办过1994年世界乒乓球锦标赛；水上中心是最新也是最后"一滴"，于2013年承办东亚运动会的水上比赛项目。

　　本案创作宗旨中的传承体现在以下两方面。

　　其一，延续总体规划"三滴水"的概念，突出水上中心与"水"更为紧密的联系，造型上与已有的体育馆、体育场"合而不同"，通过应用新材料、新构造，打造圆润晶莹的形象。

　　其二，空间塑造为倾斜水滴状的曲线造型，屋面主体采用银灰色金属板，上开月牙状采光排烟窗，屋面外缘及与之相连的立面部分采用半透明聚碳酸酯板，与屋面金属板共同形成"水滴"的主体维护结构。聚碳酸酯板与建筑主体之间为半室外过渡空间，满足建筑的通风及采光要求，板的下缘设计成一条舒缓的自然曲线，既突出并限定了不同的入口空间，又与体育场的空间构成方式相互呼应。

1

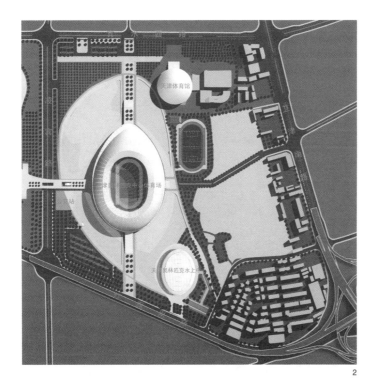

设计的创新

1. 新理念

不同于传统的体育场馆，水上中心项目并非单纯为比赛服务的体育建筑，其设计理念和目标在于：完善城市体育中心功能；提供一流的康体、健身、商业休闲设施的社会活动综合体；得到国际游泳联合会认可的一流比赛场馆；给业主和运营商带来良好盈利和回报的投资对象。

在设计中充分地考虑了非赛时的运营需求。37 002 m² 的总建筑面积中，比赛区16 317 m²，具有独立运营职能的商业运营区15 051 m²，设备用房5 634 m²。要着重指出的是，热身池及其对应的更衣淋浴等设施可在比赛区外作为水上娱乐区独立运营，同时水上娱乐区入口大厅在重大比赛时可兼作贵宾入口大厅。如此，场馆闲置用房的比例大幅降低，场馆日常运营的财政压力减轻，为实现良性的场馆运营打下了坚实的基础。

采用成品设备，减少土建投资和维护成本。例如采用成品的温水放松池，场内预留上下水的接口，仅在举办跳水比赛时将该设备安装使用。

通过设计节约投资及运营维护费用。例如用半室外空间取代传统的室内观众大厅和休息厅，降低造价和设备负荷，尤其是空调和采暖的负荷；比赛大厅采用自然采光、自然通风排烟，减少通风排烟设

3

备，降低采光通风能耗。

投资和运营维护费用的降低也就意味着投资回报比例的增加，从而给业主和运营商带来良好的回报和盈利。

2．新体验

设计着力为使用者提供新的场景体验，包括：明亮的比赛大厅，通畅的观众休息厅，双重功能的贵宾大厅，娱乐、健身、嬉水一体的热身大厅，圆润晶莹的阳光板罩棚以及整洁有序的管线布置（地下室取消常规吊顶）等。

3．新材料

聚碳酸酯板（阳光板）的大量应用——为突出"水"的概念，打造"水滴"的形象，建筑师在选材方面进行了多方比较。曾经考虑使用玻璃，因为体育场下部就采用了玻璃，相对而言，水上中心体量小很多，如果不使用弧形玻璃很难达到圆润的效果，但弧形玻璃的造价太高，而且破损后不易维护。最终选定金属色阳光板，便于施工、可现场弯弧、不易破损，造价可承受，同时通过控制其透明度和反光率，既保证外观上与体育场的协调，又保证其内部的观感——透光而不炫目。建成后，阳光板表面固定点受力形成的斑驳凹陷，在阳光的照射下呈现出一种风吹水动的涟漪效果。

波纹金属板的应用——将这种工业建筑中常用的外墙材料应用在大型体育场馆的阳光板罩棚内部及所有建筑外墙上，其特有的立面效果与阳光板形成有趣的质感对比。

实践体会

本项目从投标到竣工历时8年，设计方案几经调整，于2011年建成使用，成功举办了全国跳水冠军赛和世界水球邀请赛，以及2013年东亚运动会。

多次调整设计方案，表面上的原因是规模和用地的变化，其内在原因是场馆建设理念的进化，相应地，投资规模和运营方案也随之调整。调整经历如下：基础方案为竞赛+嬉水+商业零售；改进方案为竞赛+健康水会+零售餐饮；终版方案为竞赛+健康水会+餐饮，投资规模减小；最终投入使用的运营模式为竞赛+健康水会+健身+零售。

本案经历的8年正是国内体育建筑建设蓬勃发展的8年，也是建筑技术和设计理念飞速进步的8年。体育建筑的设计、建设、运营各个环节都在发展。公众利益、业主目标、运营成本收益、城市形象，这几方面共同构成的设计目标中，各自的占比如何达到平衡是建筑师需要探索的课题。

3　水上中心日景
4　一层平面
5　二层平面
6　比赛大厅

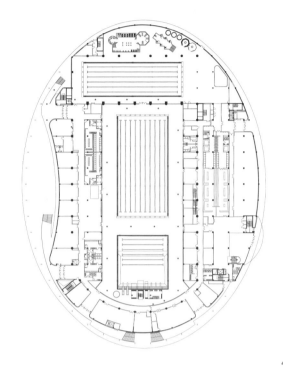

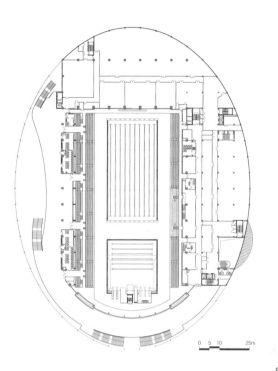

4

5

6

7

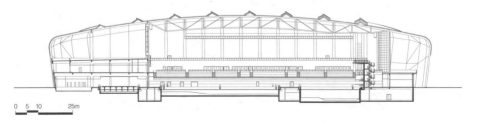

0 5 10   25m

8

7 比赛大厅（比赛中）
8 剖面
9 观众休息平台内景
10 波纹金属板细部

9

10

ERDOS DONGSHENG SPORTS CENTER MAIN STADIUM, CHINA
鄂尔多斯市东胜体育中心体育场

中国建筑设计院有限公司 | China Architecture Design Institute Co., Ltd.

项目名称：鄂尔多斯市东胜体育中心体育场
业 主：鄂尔多斯东胜区政府基建办
建设地点：鄂尔多斯市东胜区
设计单位：中国建筑设计院有限公司
用地面积：49.3 hm²
建筑面积：10.05 万 m²
结构形式：钢筋混凝土框架体系（看台），斜拱＋拉索＋钢桁
　　　　　架体系（屋盖）
建筑层数：3
座席数量：40 000 座（其中 5 000 活动座席）

设计总负责：崔愷，李燕云，范重
建筑专业：周玲，赵梓藤，罗洋，王斌
结构专业：胡纯炀，刘先明，王义华
设备专业：赵昕，宋孝春，李京沙，姜红，李俊民，马霄鹏
景观设计：中国建筑设计院有限公司
施工单位：内蒙古兴泰建筑公司
设计时间：2007 年 11 月～ 2009 年 5 月
建成时间：2011 年 8 月 30 日
图纸版权：中国建筑设计院有限公司
摄　　影：张广源

东胜体育中心体育场位于内蒙古自治区鄂尔多斯市东胜区，总建筑面积10万 m²，设有35 000席固定看台及5 000席活动看台。作为东胜体育中心的核心，体育场占据了最突出的中心位置，造型上高耸的巨拱象征蒙古族的弯弓，强烈收分的碗状形体则表达了简洁和力量，统领着整个体育中心，并与覆盖在尺度巨大、S形绵延屋顶下的两馆形成强烈的视觉对比。2011年底，体育场首先竣工，以其巨大体量迅速成为城市地标，其设计建造有诸多技术亮点，本文将对开合屋盖、声学等技术设计特点做简要介绍。

开合屋盖设计

东胜体育场是目前国内已建成的规模最大的开合屋盖体育场馆，其可开合屋盖面积达1万 m²。设计之初，考虑到当地极端气候的影响，业主提出设置开合屋盖的要求，以解决开敞体育场的使用问题，提高建筑利用率。在此之前，国内已建成运用开合屋盖技术的大型体育建筑有上海旗忠国际网球中心与南通体育会展中心体育场，这两座场馆均处于南方，与东胜体育场设计面临的自然环境条件大为不同。

经过反复推敲，东胜体育场开合屋盖最终选择比较成熟的南北向对开的轨道式开合。开合屋盖活动部分由两个各重500 t的单元块组成，每片开合屋盖下支撑桁架的平面布置与固定屋盖的主桁架完全对应。跨越建筑的巨拱长330 m，最大高度129 m，从上方用22道钢索悬吊起屋盖空间桁架，提高开合屋盖运行时轨道的稳定性，同时将建筑造型和功能完美地结合在一起。

为了满足大空间的采光要求，开合屋盖选择高透光（透光率为17%）、高强度的PTFE膜材作为围护结构，降低开合屋盖的构造自重，其耐候性、自洁性、通透性等特点完全能满足功能及耐候要求。采用两个整体式活动屋盖单元块避免了划分多个板块所造成的防水处理困难问题，膜结构公司很好地解决了分界面处及两活动屋盖交接处的封闭问题，且运行可靠性良好，可防止风、沙尘、雨雪等可流动介质由此进入体育场内部。

在中国，大型开合屋盖体育场馆设计尚在探索期，自主完成的开合屋盖设计案例还比较少。东胜体育场作为目前国内规模最大的开合屋盖体育场馆，无疑具有试验的意义，为探索开合屋盖应用提供了有益的参考。

体育场声学设计

考虑在开合屋盖闭合的状态下，体育场内部将形成一个室内容积达160万 m³的超大型室内体育馆，过大的室内容积会导致混响时间较长，不利于场馆的综合利用。根据业主要求及声学设计定位，我们确定了体育场屋盖闭合状态下的声学设计目标是控制满场中频500 Hz混响时间在4 s以内。在此目标下，需要解决室内声学设计中混响时间和语言清晰度的问题，因此设置了体育场金属屋面下吊挂吸声体、内场墙体吸声、局部混凝土屋面吸声等多项措施。

金属屋面下吊挂的声学反射、吸声吊顶需设置在观众席上方。吊顶位置需要注意屋盖下马道、灯光、音响等设备的位置，必要时需

进行避让。我们与厂家进行多次优化，共同确定了最终的实施方案：一是金属屋面板下方区域的吸声单元采用100 mm厚、300 mm高的悬挂吸声体，间距400 mm；二是在桁架三角形腹杆之间悬挂吸声单元。吊挂的吸声体体积达到2 500 m³，创国内吸声体用量之最。施工完成后，灰白色的吸声体与白色钢桁架体系及屋面板完美地结合成一体，既收到预期的声学效果，也成为丰富内部空间形态的一个重要元素。

径向混凝土结构优化设计

碗状钢筋混凝土看台的结构支持体系，未采用传统的正交框架结构，而是由4根互相扶持的斜柱与斜梁为主要承重构件的混凝土钢架结构，此方案一经提出就获得了建筑以及结构专业的一致认可。大尺度的斜向梁柱支撑，使结构体系与倾斜的外墙契合程度更好，同时建筑的内部空间也实现丰富的视觉效果。

为了减少施工难度，在施工图设计中，我们统一了结构构件的定位原则，并根据结构的不同跨度将结构分为三个区组，采用三组不同的结构尺寸。通过一系列优化设计，使体育场内外空间的效果简洁、大气，力量感十足。

1　总体鸟瞰
2　体育中心总平面

3

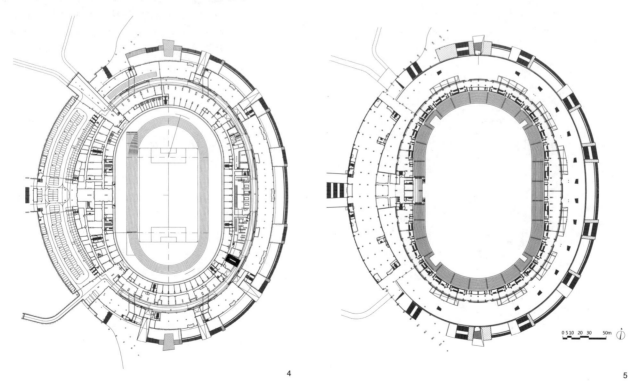

4

5

0 5 10 20 30 50m

6

7 8

3 南侧巨拱脚处
4 体育场一层平面
5 体育场二层平面
6 西南侧入口
7 体育场内景（开合屋盖闭合时）
8 体育场内景（开合屋盖开启时）

SPORTS TRAINING CENTER OF YUNNAN NORMAL UNIVERSITY, CHINA
云南师范大学体育训练馆

同济大学建筑设计研究院（集团）有限公司 | Tongji Architectural Design (Group) Co., Ltd.

项目名称：云南师范大学体育训练馆　　　　　　　　　建筑专业：王文胜，王沐

业　　主：云南师范大学　　　　　　　　　　　　　　结构专业：陆秀丽，居炜，陈建伟

建设地点：云南师范大学呈贡校区　　　　　　　　　　设备专业：冯明哲，黄倍蓉，曾刚

设计单位：同济大学建筑设计研究院（集团）有限公司　施工单位：云南工程建设总承包公司

用地面积：2.51 hm²　　　　　　　　　　　　　　　　主要建材：复合铝镁锰板材，复合波纹板

建筑面积：2.45 万 m²　　　　　　　　　　　　　　　设计时间：2009 年 2 月 ~ 2009 年 9 月

结构形式：下部钢筋混凝土，上部钢结构　　　　　　　建成时间：2011 年 12 月

建筑高度：19.2 m ~ 23.7 m　　　　　　　　　　　　图纸版权：同济大学建筑设计研究院（集团）有限公司

设计总负责：王文胜　　　　　　　　　　　　　　　　摄　　影：吕恒中

随着高校建设热潮不断高涨，高等教育基础建设的投入越来越大，高校体育建筑进入了大力建设的时代，但也暴露出过度形象化、规模化的建设误区：学校体育建筑往往单方造价惊人，外观造型气派豪华，观众容量大而不当，空调、照明能耗惊人，除了典礼、集会和少量大型赛事以外，平时闲置紧锁，失去了健身、教学的实际意义。

云南师范大学体育训练馆正是吸取了这方面的教训，以合理的投入、高效的利用、节能的运营规避了上述问题，单方造价仅仅 4 000 元人民币，接近一般教学楼造价，却提供了 6 片篮球场、6 片排球场、3 片网球场、6 道百米跑道、若干羽毛球场以及舞蹈、武术、体操等功能房间，并配备有相应的塑胶和运动强化木地板等专业设备，在实际使用中达到了甲方要求的效果，获得了良好的口碑。

适度的功能定位与形象设计

训练馆的定位是为学校日常体育教学和训练提供相应空间和设备，并不十分需要纪念性、标志性的外观，加之建筑的主要功能空间均为方形，因此平面设计得相对平实、理性，避免大量的弧线和曲面，大大提高了不同使用空间组合的经济性。由于体育运动场地较一般教学楼面宽和进深都大，我们设计了一个绿化内院，能从训练空间的两侧充分引入光线并实现良好通风。设计师严格按照规范要求和体

育系提出的高度要求进行设计，因此内院两侧的建筑体量高低不一，西侧单体一层为篮球场，层高 9 m；二层为排球场，层高 10 m；东侧单体一层为拳击场等，层高 8.2 m；二层为网球场，层高 15.5 m。为了整合不同训练科目对空间高度的不同要求，使东侧、西侧和内院三者能有机融合为一体，我们以倾斜、错动的屋面，大台阶等建筑要素将之穿插、串联。

银灰色直立锁边的铝锰镁板既是屋顶又是立面，形成了建筑的基本形态语言。为了使建筑更为灵动、轻巧，铝锰镁板墙面与屋顶连成一体向外倾斜，并间隔设置凹槽，富有韵律。同时在主立面上大胆采用鲜艳的色彩。鲜亮的橙色竖向波纹板与沉稳的灰色铝锰镁板形成互补，化解了大体量的沉闷与压迫感，也体现了体育建筑力与美的本质。建筑整体造型如同一艘劈波启航的航船，具有强烈的动感和美好的寓意。

色彩、细部与结构之美——室内外设计的高完成度

本项目所在的云南师范大学历史悠久，西南联大师范学院教书育人的宗旨烽火传承。呈贡校区整体校园风貌以新中式风格为主，立面材料多为灰色和红色面砖，通过细腻的拼贴、精美的细部展现校园风格。训练馆外立面采用银灰色和橙色的金属墙面和幕墙，具有很强的

1

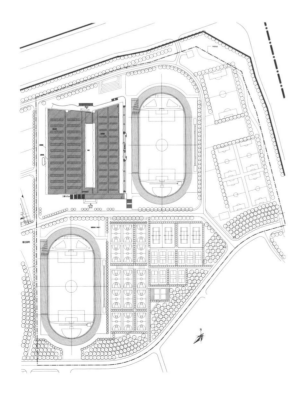

1 建筑外景
2 总平面

2

现代感。因此，在内院设计中，我们特意使用了云师大普遍采用的红褐色砖墙面，并着力刻画拼砖的肌理，将室内进行室外化处理，以传统的手法和细腻的细部使人们对新建筑形成认同。同时，内院整体的鲜艳色彩带来一定的视觉冲击力，呼应了建筑的体育属性。

为了提升建筑外观的精致感，我们精心设计了外立面玻璃幕墙、波纹板幕墙、清水混凝土、铝板等各个不同材料之间的交接方式，在内立面则更多考虑面砖的拼贴方式以及与门窗洞口的对应关系，不因巨大体量而粗放节点的处理。

为了避免立柱、墙面对运动员造成伤害的隐患，室内在人体高度区域设计了部分软包，并与墙面的色彩划分保持一致，既化解了大空间的压抑感，又提升了空间的声学性能，消除拍球时的声学共振。

训练馆尤其是在二层的网球馆、排球馆和跑道区，采用全钢结构，大大减轻了室内结构柱遮挡视线的现象，西侧排球场柱跨达到26 m，东侧网球和跑道区柱跨达33 m，内部视线通畅，一览无余。为了使室内达到足够的亮度，二层的排球场、网球场和百米跑道区采用了大量的采光条形天窗，西侧单体屋顶采用多达24组3.2 m×20 m的条形天窗，东侧单体屋顶同样采用24组2.2 m×12 m的条形天窗，不仅室内极其明亮，而且完全展现了钢结构的力学之美，钢桁架和穿孔钢梁在天光照射下疏影横斜，形成强烈的视觉冲击。

3

节能低碳： 光伏电、节能、保温的设计介入

　　由于昆明地处温和地区Ⅱ区，不需要冬季保温，需要注意夏季隔热，因此我们在设计中着力引入天光，并设置大量常开百叶引入自然通风，力图在照明和空调这两个能耗大项上取得突破，同时尽量利用太阳能。

　　建筑采用了铝锰镁复合金属屋面，其基本构造形式为1.2 mm厚铝锰镁直立锁边屋面板+100 mm厚保温层+0.9 mm厚穿孔铝板。经核算，这种屋面的传热系数达到0.59，甚至优于一般的混凝土屋面（传热系数计算值为0.68），能够达到很好的保温隔热效果。

　　云南拥有较为丰富的太阳辐射资源，并提出在节能减排、环保建设和可持续发展领域走在西南地区各省前列的计划。训练馆的屋顶面积较大且较为平整，仅有5°倾角，我们在屋顶铺设了光伏电设备，发电功率达656.38 kWp，首年发电量723 483 kWh，并入10 kv电网，

基本能满足整座建筑用电需求，极大地减少了能耗成本。

　　本训练馆采用双层Low-E条形天窗，得益于充沛的天光加上来自两面侧窗的光线，室内非常明亮，完全满足日常训练要求。我们在两侧墙面设置了大量常开百叶，天窗与屋面交接处也抬高以设置百叶形成多通道通风，避免了日光下的"蒸笼"效应，使室内凉爽宜人，内院的设置更有效地形成了拔风，进一步改善了微气候。

结语

　　当前国内大型城市体育场馆的建设风潮已经接近尾声，下一个阶段的全民健身建设的重点将转入社区和高校体育设施。高校体育场馆该如何设计定位，是非常重要的课题。云南师范大学体育训练馆的设计实践抛开对于形式化、复杂化的追求，以平实、经济的设计成果服务校园、大学城乃至呈贡城区，取得了较好的社会效益。

3 天窗和光伏设备有序设置，
创造了丰富精致的第五立面
4 灰色清水混凝土和银色铝
锰镁板质朴沉稳，基座和金
属面上的凹槽富有韵律
5 二层入口特写

6

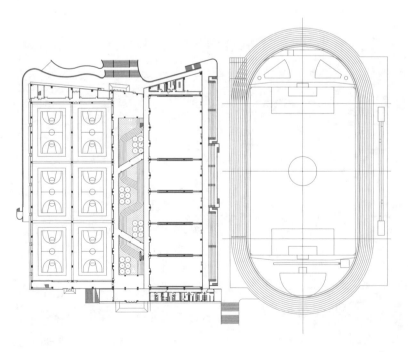

7

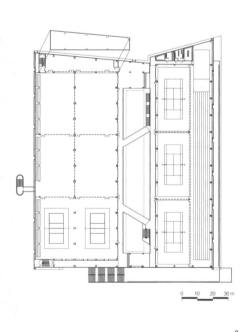

8

6 内院参照了云南师范大学呈
贡校区的校园砖墙建筑风
格，细腻的拼砖手法化解了
巨大体量的压迫感
7 一层平面
8 二层平面

9

10

9 篮球馆，蓝色化解了混凝土
  的压抑
10 排球馆，天窗、门窗、百叶
   洞口和电气设备统一在结构
   模数之下，格外精致
11 网球馆，将专业的照明和场
   地引入室内

11

WANANGKURA STADIUM, AUSTRALIA
澳大利亚 Wanangkura 体育馆

ARM建筑事务所 | ARM Architecture

项目名称：Wanangkura 体育馆
业　　主：黑德兰港镇
建设地点：Hamilton Rd, South Hedland, WA 6721
设计单位：ARM Architecture
建筑面积：4 500 m²
结构形式：钢—混凝土
建筑设计：Howard Raggatt, Andrew Lilleyman, Sophie Cleland, Rhonda
　　　　　Mitchell, Tim Pyke, Sarah Lake, Jenny Watson

景观设计：Oculus
结构服务：Aurecon
施工单位：Doric Group
总 投 资：3 500 万澳元
设计时间：2008 年
建成时间：2012 年 7 月
图纸版权：ARM Architecture
摄　　影：Peter Bennetts

Wanangkura体育馆是坐落于澳大利亚黑德兰港的一座全新多功能娱乐中心，其名称是从征集的数百个名称中精选而来。Wanangkura在当地Kariyarra语中是"旋风"的意思，旨在呼应体育中心卓越的设计。建筑师索菲·克莱德兰（Sophie Cleland）称其就像一股旋风，"为这片原本一马平川的土地营造了一种闪烁涟漪的效果"。西澳大利亚州州长科林·巴纳特（Colin Barnett）更称赞该中心"……是一座恢宏的建筑，必将成为黑德兰港镇的地标之一"。

黑德兰港位于西澳大利亚州北部皮尔布拉（Pilbara）地区，是澳大利亚吞吐量最大的港口，航运线路远至中国、欧洲和日本。该地区气候条件极端恶劣，每年会经历数个季节性气旋期，夏季气温极高。应对这些条件给建筑设计带来巨大的挑战，建筑必须被设计为能抵御D区2类气旋的条件。矿业也主导着该市的景观和运营，大量人口飞进飞出此地。

进入该镇的主要交通方式为航空，而非公路。黑德兰港镇位于西澳大利亚州的西北端，被广阔无垠的红土包围，地处澳大利亚铁矿石出口重镇皮尔布拉边缘地带。乘飞机飞行几个小时，跨越澳大利亚内陆沙漠，映入眼帘的是一方带有郊区家庭气息的环境，这种城市布局在墨尔本远郊颇为常见。几个橄榄球场的绿地颜色亮丽，无疑成为最突出的视觉特征。这一"空中通道"能够让人们对Wanangkura体育馆以及在城市景观中格外引人注目的面积约3 500 m²的场馆屋顶有初步印象。我们选择将屋顶作为建筑的另一个立面来处理，在其上塑造了巨型条纹，希望能借此赞颂当地橄榄球俱乐部身披黑白条纹队服的南黑德兰天鹅队为当地赢得的荣誉。这一设计不仅在俯瞰时效果突出，而且在地面以及球场边缘依然清晰可见，为橄榄球场平添了重要的景观特性。

项目基地位于南黑德兰冲积平原边缘的凯文斯科特（Kevin Scott）橄榄球场。该球场是承办大型体育赛事的重要场地，也是当地社区及往返此地的工作人员的社交之地。我们事务所受邀负责该多功能体育场馆的方案设计，同时对未来在周边扩建的运动场地进行总体规划。体育馆主建筑包括一座室内球场、一间健身房、壁球场、当地橄榄球队专属俱乐部房间以及高端活动室。毗邻主建筑的是室外网球及篮球场地。

我们的设计思路是将整个建筑视为一片犹如海市蜃楼般的幻象，力图在原本一马平川的地貌上营造一种闪烁涟漪的效果。通过应用"半色调"像素化技术处理，建筑主入口立面形成了一幅在远处便清晰可见的视觉影像，同时又能极大地激发人们靠近观察的好奇心。场馆背面面对着凯文斯科特橄榄球场，因而沿着球场设有观众看台、更衣室以及观赛包厢等相关设施。

我们事务所在整个概念设计的准备阶段先是考察了项目基地，会晤了议会以及各个体育运动集团和社区成员等项目股东。设计不仅必须力求满足各项运动规则的要求，还要尽可能实现空间和设施的高效利用，比如要做到场地共用更衣室。人流疏散以及入口设置都必须兼顾到观众、场馆员工、场馆股东以及主客场运动队的各种要求。

Wanangkura体育馆是应用独特设计方法带来优势的卓越范例。黑德兰港的业主方深知，要克服地理位置、气候条件及预算等种种限制，建造出一座"标志性"建筑绝不是轻而易举的。然而通过横向的对比思考及创新思维，我们证明了让设计更加丰富多彩是完全可能的。

建筑造型和施工

建筑采用混凝土板（用于地上一层和二层）及钢框架结构建造

1

1 建筑外景
2 总平面

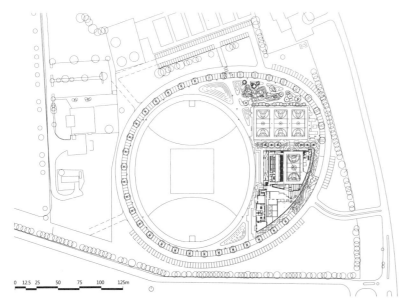

0 12.5 25   50   75   100   125m

2

而成。双层立面由模块化玻璃陶瓷外墙系统及其后部的密封镀锌雨幕构成。设计应用特色各异、颜色丰富的板材营造建筑的立面图案。入口东侧立面应用了集成LED照明。结构型玻璃系统与立面模块平行。东侧主入口空间还使用了搪瓷面板。台阶式的金属屋顶带有黑白双色条纹，代表南黑德兰天鹅橄榄球队的队服颜色，同时整体向西逐渐跌落。室内设计应用彩色的墙板及栏杆板材装饰门厅和正堂，搪瓷板材也用于室内装饰，覆盖墙面直至场馆接待台。

儿童区及托儿所

Wanangkura体育馆的儿童保育设施让家长们可以从容地进行健身课程训练或球类运动，他们的小孩会在场馆内的托儿所得到很好的看护。托儿所适合年龄在8周到5岁的儿童，能同时照看8~12名儿童。另外，在该儿童照护区还设有专属尿布台和儿童专用卫生间。为了营造更适合儿童嬉戏的环境，地面和墙面遍布着亮丽的橙色及黑色条纹。墙面采用一种由回收饮料瓶制成的软质涂料，能够随意使用图钉。供阅读之用的皮质座椅设置于角落，座椅接入墙体，呼应亮丽蓝色外墙和像素造型。方案还设计了一个独立的蓝色像素储物单元，来为儿童创造一个妙趣横生且引人入胜的空间。

Wanangkura Stadium is Port Hedland new multi-purpose recreational centre. The name for the centre was chosen from hundreds of local submissions and means "whirlwind" in the local Kariyarra language. The title pays tribute to the centre's design, which architect Sophie Cleland likened to a cyclonic pattern, creating a "shimmering, rippling effect on an otherwise flat landscape". Western Australia Premier Colin Barnett called the Centre "... a spectacular piece of architecture that will become a landmark for Hedland".

Located in Western Australia's northern Pilbara region, Port Hedland is highest tonnage port in Australia, with global links to China, Europe and Japan. It is also a place of extreme climatic conditions with seasonal cyclonic periods and extreme temperatures during summer. Managing these conditions becomes a challenge for architecture, with buildings designed to withstand cyclonic conditions to Region D category 2. The mining industry also dominates the landscaping and operations and the town, providing a large fly-in fly-out population.

The main gateway into the town is through the air; not roads. The town is located at the top western end of Western Australia and is surrounded by a sea of red earth at the edge of the Pilbara in town infamous for Australia's iron ore exports. Flying several hours across the desert of the Australia outback you see a town come into view that has a suburban domestic like quality with a urban layout would be familiar in the outer suburbs of Melbourne. The bright green grass of the ovals are clearly the most identifying features. This "gateway" provided the first primary view of the Wanangkura Stadium and the approximately 3500 square meter roof which makes a significant feature in the landscape. We chose to treat the roof as another facade and wanted to celebrate the local club football team The South Hedland Swans whose team colours are black and white by creating giant stripes in the roof profile. This creates an impressive view from above but is also an important feature from the oval as the roof is clearly visible from the ground and oval perimeter.

The project site is located at the Kevin Scott Oval on the fringe of South Hedland's flood plain. It is a significant destination point for major sports and social gatherings for the local community and fly-in fly-out workers. ARM was engaged to design a scheme for the multipurpose sports facility, concurrently with the masterplanning for the surrounding playing fields for future expansion. The main building houses a new indoor playing court, a gym, squash courts, club rooms for local football teams and upper level function rooms. Adjacent to the main building are outdoor playing courts for netball and basketball.

Our approach to the design considered this building as a mirage – a shimmering, rippling effect on an otherwise flat landscape. Using a "halftone" pixelated technique, the buildings entry facade acts as a clear visual image from long distances, whilst being highly agitated on closer inspection. The opposite side faces the Kevin Scott oval, ac-

commodating related facilities along the oval, including a spectator's stand, change rooms and spectator suites.

In preparing the concept design, ARM first visited the site and met with Council and project stakeholders, which included different sporting groups and community members. The design had to work hard to meet the requirements of each sporting code, while also taking advantage of opportunities for efficiency, such as sharing change rooms. Circulation and access needed to consider the varying requirements of spectators, employees, paying members, and local and visiting sports teams.

The Wanangkura Stadium is an excellent example of the advantage offered by ARM's unique design approach. Our clients in Port Hedland knew it would be difficult to create an "iconic" building within the restrictions of their location, climate and budget. With lateral thinking and innovation, we proved that something more was possible.

Building form & Construction

The building is concrete slab (ground and Level 1) and steel framed construction. The facade comprises of two layers: a modular vitreous enamel cladding system with a sealed galvanized rain screen behind the panels. There are a number of typical panel types and colours to create the facade patterning. Integrated LED lighting is included in the entry east facade. Structural glazing systems align with the facade modules. Vitreous enamel panels are also utilised for the main East Entry space. The roof is stepped metal deck roof in two tones stripe to represent the colours of the South Hedland Swans football team colours. It has a single way fall to the west of the building. Internally, coloured stained ply wall panels and balustrade panels are utilised in the foyer and main hall spaces. Vitreous enamel panels are also used internally as part of the cladding to reception desk.

Kids' Zone & Crèche

Wanangkura Stadium's unlicensed childcare facility offers parents an opportunity to attend the gym, fitness classes, or netball and squash games, while their children are supervised in the on-site crèche. The crèche caters for children aged eight weeks to five years, and can cater for approximately 10~12 children. There is a dedicated kitchenette change table and child friendly toilet facilities within the secured zone. The floor and walls have been designed for child play with bright orange and black stripes running across the floor and up the main wall. This wall is finished with a soft pinable material that is made from recycled drink bottles. A leather padded seating nook for reading has been built into a wall that reflects the external architecture within a bright blue wall and pixel shape cut outs. A separate blue pixel storage unit has also been design to provide a fun and inviting atmosphere for children.

3

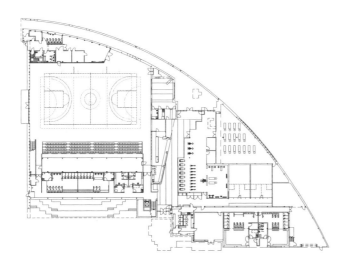

4

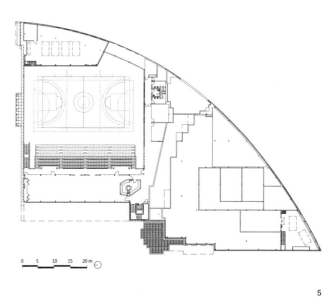

0 5 10 15 20 m

5

3 建筑东侧外观
4 一层平面
5 二层平面

6

7

8

9

6 主入口
7 主入口"洞穴"
8 澳大利亚全国篮球联赛开
　幕赛（珀斯野猫对凯恩斯
　大班）
9 从足球场一侧看体育馆

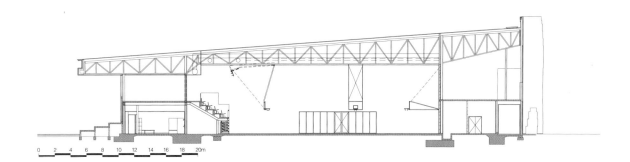

10

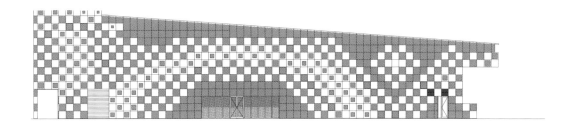

10 东—西剖面
11 北立面
12 开幕之夜

11

12

FRIENDS ARENA, STOCKHOLM, SWEDEN
瑞典斯德哥尔摩友谊体育馆

C. F. Møller建筑事务所 ｜ C. F. Møller Architects

项目名称：瑞典友谊体育馆
业　　主：Arenabolaget i Solna KB
建设地点：斯德哥尔摩索尔纳
设计单位：Berg | C. F. Møller Architects, Krook & Tjader
合作单位：Populus
建筑面积：10 万 m²
座席数量：50 000 座
项目负责人：John Eriksson, PEAB

建筑专业：Håkan Björk, Eva Hall-Berglund, Svante Berg, Adam Wycichowski
结构专业：Sweco Structures
设备专业：Projektengagemang, Mats Strömberg Ingenjörsbyrå
施工单位：PEAB
设计时间：2006 年
建成时间：2012 年
图纸版权：C. F. Møller Architects
摄　　影：Adam Wycichowski

友谊体育馆作为瑞典国家体育馆，是全世界最现代化的场馆之一。得益于所有座席都拥有清晰的观赛视线，以及场馆所配备的最先进的通信技术、伸缩式屋顶以及卓越的服务支持，每位身处其中的观众都能体验到体育赛事的精彩。该馆的建设、使用提升了体育场馆的设计标准。

该馆在承办音乐会时可容纳65 000名观众，承办体育赛事时可容纳50 000名观众。作为瑞典国家男足和AIK足球俱乐部的主场所在地，馆内设有36间商业铺位、4家餐厅和2间香槟酒吧，场地尺寸105 m×68 m，净高33 m。

多功能的场馆

友谊体育馆适合承办各类活动。场馆的物流系统设计独特，灵活度高，双车道的载货车道环绕场地，场馆四角均设有通往内场的货车专用通道。场地既能承办大型公共活动，也能举行观众规模在7 000人的小型表演。除体育赛事和音乐会之外，场馆还被设计为适合举办诸如商务会议、节庆活动、大型会议、贸易展会以及派对等各项活动。友谊体育馆是瑞典国内唯一一座在设施和功能上具备高度灵活性和可扩展性以承办不同规模活动的场馆，而且座席舒适，观众能够近距离观赏场地内的活动。

体育场设计为三层看台，观赛无死角。为了优化观众席视线和非常紧凑的碗形看台的观赏体验，设计方投入大量精力，通过三维手段及几何计算等方式对看台设计进行研究。不论是距离、视线、看台陡坡角度、座位安排、看台栏杆、看台过道的组织和设计、各层看台的结构限制还是建筑本身，都为促成更强烈的观赏体验而进行了优化。

场馆上述令人称道的功能特点吸引了许多顶级艺术家在此演出，同时组织者因此获得了举办更精彩活动的机会。得益于三层看台的设计，体育馆内场有着非常强烈的氛围。同时也为所有观众提供了更近距离观赏场地内表演的条件。

可快速更换的场地地面

体育馆能够满足各类活动对场地地面的要求，无论天然草坪、碎石地面、冰面、木片地面还是地板，一概不在话下。比如，2013年3月，仅仅不到2周的时间，场馆地面从地板换成冰面，再从冰面换成草皮，先后承办了瑞典歌唱比赛决赛、冰球决赛以及世界杯足球预选赛。

应对不同活动的快速转换，发达的物流系统十分必要。在场馆规划设计过程中，设计方做了大量的工作，力求设计出一套高效、灵活的物流、传动系统及舞台安置解决方案，能够实现短时间内的活动切换。高效的物流解决方案提高了场馆的使用率。设于看台之下的双车道服务通道使得组织者可以轻松、方便地直接运输舞台搭建、草皮铺制、浇冰清冰等设备进入场地。

1

可开合屋盖

体育馆配备的可开合屋盖保证了音乐会、体育赛事以及表演能够全天候进行。活动组织方可以根据情况决定屋顶的开合。

体育馆的两个各3 750 m²的可移动屋盖3英尺（0.9 m）厚，面积相当于6个全尺寸的住宅花园。屋盖可在20分钟内完全打开，可悬挂各类照明及音响设备，载重达350 t。在项目施工过程中，建设目标之一就是将临时构筑物数量减至最低，因此场馆屋顶结构采用全跨度梁，预制后在现场进行安装。

立面

建筑立面外皮由多孔三角形铝板构成，形成浮雕般的效果，能够随天气、时间和季节的变化呈现不同的面貌。夜间，由电脑控制的LCD照明系统能够形成多彩的灯光效果点亮内层立面。这一设计意味着场馆的外观可以根据场内活动内容而变化。当场内正在举办AIK足球队的比赛时，立面就会亮起代表球队的黄色，而当瑞典国家队在此比赛时，立面则亮起蓝色灯光。

一切源于科技

体育馆内各项技术设备的配备也经过精心设计，让观众不会错过每一个精彩瞬间。悬挂于屋顶的多媒体播放器配有4块65 m²的显示屏，全部的显示面积相当于约520台40英寸的显示器，重64 t。场地周围布置有700余个LED电视屏幕，提升了观众的视觉体验。同时，场馆音响系统也提供了极佳的声效体验。通过场馆的无线网络，在场的30 000名观众能够在观赏的同时上网分享他们的感受。

场馆历史

21世纪初，公众就开始讨论有关瑞典国家体育场——拉桑达体育场（Rasunda）的问题。拉桑达体育场于1937年向公众开放，场馆设备陈旧，无法达到国际安全标准以及容纳观众人数标准。最初，计划是要翻修并扩建该体育场，但是费用极高。随后有人提出新计划，建议修建一座全新场馆。在同索尔纳市政当局讨论之后，项目从建造单一场馆扩展为围绕场馆建设一整片城市新区，包括酒店、购物中心、住宅及写字楼。

友谊体育馆之所以被称之为第五代体育场，是因为其项目投资巨大，并将改变周边区域环境、基础设施乃至社会及经济生活。围绕新场馆，全新的购物中心、酒店、写字楼以及住宅楼正拔地而起，旨在将该区域打造成为城市的有机组成部分。

2009年12月，瑞典王储维多利亚公主为项目奠基，标志着建设正式开始。在2012年10月27日举行的开幕仪式上，友谊体育馆代表正式从拉桑达体育场代表手中接过了象征瑞典国家体育场的接力棒。

1 建筑外观

2

3

Friends Arena is Sweden's national arena and one of the world's most modern arenas. Thanks to a clear view from all seats, the latest communication technology, a retractable roof, and excellent support services, all guests experience great moments. Friends Arena clearly raised the bar when it comes to sports arenas.

The arena holds up to 65,000 guests for concerts and 50,000 for sporting events. The arena houses 36 kiosks, 4 restaurants, and 2 champagne bars. Friends Arena is home to the men's national football team and the AIK football team (soccer). The size of the field is 105x68 meters and the ceiling height 33 meters.

A multi-functional arena

Friends Arena is designed for all types of events. It is unique in its logistics and flexibility for event operations and speed of change of events by having a two-lane truck road all the way around at pitch level and truck accessibility to the pitch in all four corners. The venue can be adapted to handle everything from major public events to smaller performances starting from 7000 spectators. Besides sporting and music events, the arena is designed, for example, for business meetings, galas, conferences, trade shows, and parties. Friends Arena is the only venue in Sweden that can offer features and functions such as flexibility and scalability for small and large events, combined with the audience's proximity to the arena floor and comfortable seating.

The arena is designed as a three tier solution with full corners. In order to optimize the sight-lines and to enhance the experience of a very tight bowl, a lot of effort has been put into 3d-studies and geometrical calculations of the tiers. Distances, overviews, steepness of tiers, seating arrangements, railings, organization and design of the tier gangways and the structural constraints of the tiers and the building itself, are all optimized for an intense arena experience.

These capabilities attract the best artists, while organizers get opportunities to create even better events. The arena main gallery has a concentrated atmosphere – thanks to stands that are built on three levels. This construction provides all spectators with a sense of closeness to performers on the arena floor.

Quick changes of surface

Friends Arena can handle events on any surface, such as natural grass, gravel, ice, wood chips, and parquet. And the floor can be quickly transformed. For example, in March 2013, the floor was changed from parquet to ice and then to the grass in less than two weeks to accommodate these events in succession: Swedish Song Contest final, a bandy final, and a world cup football qualifier.

Sophisticated logistics are necessary to cope with rapid changeovers between events. While planning the arena, extensive effort went into developing effective, flexible solutions for logistics, rigging, and stage positions, which enable short changeover times between events. Effective logistics solutions enable increased capacity utilization. A two-lane service road under the stands enables organizers to easily and conveniently drive directly onto the arena floor with equipment for projects such as constructing stages, laying grass, and making ice.

Retractable roof

The arena's retractable roof ensures that concerts, sporting events, and shows can be arranged year round – regardless of weather. Organizers may determine if the roof is open or closed.

The arena's two, 3750-square-meter movable ceiling sections are three-feet thick. This corresponds to six full-sized residential gardens. The roof can be opened in less than 20 minutes. It is designed for mounting lights and sound equipment and can hold up to 350 tons. During the construction an aim was to minimize temporary construc-

tions. Therefor the ceiling construction is made up of full-span beams that was prefabricated and mounted on site.

Facade

The exterior facade is composed of perforated aluminum sheets in a triangular pattern with a relief that will make it change in appearance with the weather, time of day and season. At night the inner facade will be lit in a multitude of colors by LCD lighting controlled by a computer system. This means that the appearance of the arena can be changed according to the venue. When the football team AIK plays the facade will be lit in teamcolour yellow, and when the Swedish national team plays it can be lit in blue.

Technology that makes it happen

The technical equipment in the Friends Arena is designed so that visitors won't miss a single moment. The media cube that hangs from the roof has four, 65-square-meter screens. The entire image area corresponds to about 520 40-inch screens. The cube weighs 64 tons. About 700 LED TV screens surround main gallery, which enhances visual experiences. And the sound system enables fantastic sound experiences. Via the arena's wireless network, 30,000 guests can surf simultaneously and share experiences while they happen.

History

In the early 2000s, public discussions took up the issue of Rasunda, Sweden's national arena. Rasunda opened in 1937. The venue was worn and didn't meet international safety and capacity standards. Initially, the plan was to renovate and expand Rasunda. But bids were too expensive. A new plan suggested a new arena. After discussions with the Solna municipality, the project expanded to include an entirely new city district around an arena, with hotels, shopping centers, homes, and offices.

The arena is a so called fifth generation arena which means that the project includes a larger investment and change of the surrounding areas and its infrastructure, social and economical life. Around the arena new shopping-facilities, hotels, offices and housing is under construction, all in order to turn the arena area into a living part of the city.

Construction started in December 2009 after Crown Princess Victoria ceremoniously shoveled the first scoop. During the opening ceremony on 27 October 2012, Friends Arena officials formally received a baton (symbolizing Sweden's national arena) from Råsunda officials.

2 体育馆主入口广场. 立面上
   黄色和蓝色的灯光是瑞典国
   旗的颜色
3 总平面

4

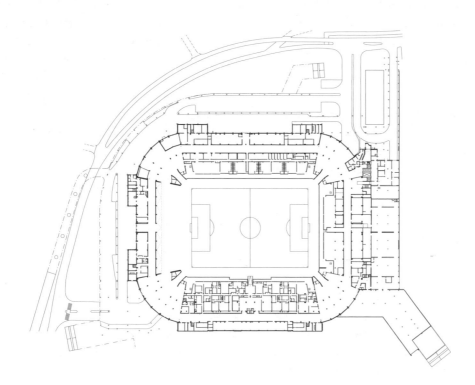

5

6

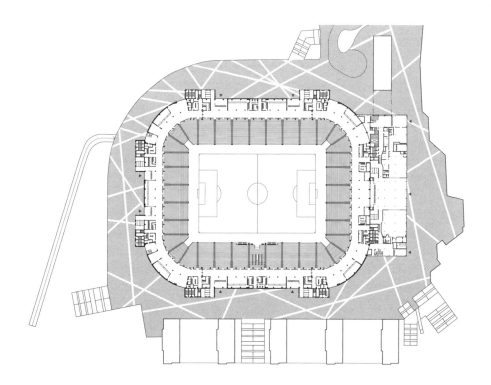

4 体育馆内景（开合屋盖开启
   时）
5 一层平面
6 可容纳 5 000 名观众的足球
   赛场景（开合屋盖关闭时）
7 三层平面

7

8

8 室内热身区
9 上层走廊

9

10

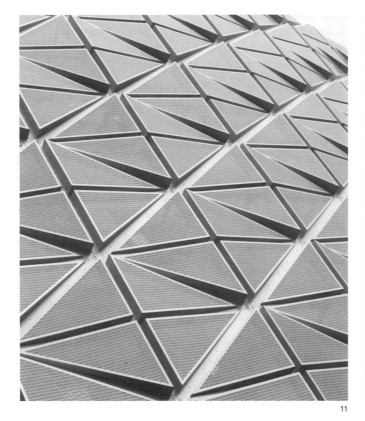

10 体育馆夜景（Håkan
　 Dahlström 摄）
11 立面多孔三角形铝板
　 呈现浮雕般的效果
12 由电脑控制的立面
　 LCD 灯光照明系统

11

12

NATIONAL STADIUM, WARSAW, POLAND
波兰华沙国家体育场

冯·格康，玛格及合伙人事务所 | gmp

项目名称：波兰华沙国家体育场

业　　主：Narodowe Centrum Sportu Sp. z o.o.

建设地点：波兰，华沙

设计单位：gmp

合作设计：J.S.K Architekci Sp. z o.o.

屋顶面积：总面积 69 000 m²，可开合部分 10 000 m²

座席数量：55 000 座

VIP 座席数量：2 600 座

建筑设计：Volkwin Marg，Hubert Nienhoff，Markus Pfisterer

项目负责人：Markus Pfisterer，Martin Hakiel

屋顶和屋面结构设计：schlaich bergermann und partner，Stuttgart – Knut

Göppert，Knut Stockhusen，Lorenz Haspel

总承包商：Konsorcjum Alpine Bau Deutschland AG，Alpine Bau GmbH，Alpine Construction Polska Sp. z o.o.，Hydrobudowa Polska S.A. i PBG S.A.

技术设备：HTW，Hetzel，Tor-Westen + Partners，Biuro Projektów "DOMAR"

照明设计：Lichtvision Berlin，Dr. Karsten Ehling，Dr. Thomas Müller

导向系统：Wangler & Abele，Munich

设计竞赛：2007 年获一等奖

施工时间：2008 ~ 2011 年

图纸版权：gmp

摄　　影：Krystian Trela，Marcus Bredt

2012年，乌克兰和波兰共同承办了欧洲杯足球锦标赛（UEFA European Football Championship）。波兰华沙的新国家体育场在1988年后被废弃且已倾颓的切西齐欧雷齐亚体育场（Dziesieciolecia Stadium）原址上重新兴建，位于市中心以东维斯瓦河（Vistula）畔的斯卡里泽维斯基公园（Skaryszewski Park）内，成为新体育公园的中心。

体育场的结构清晰地分成两个部分：看台为混凝土预制结构，其上方为钢索和织物薄膜构成的屋面，屋面由独立钢柱和斜向张拉环支承。内侧屋面为移动式薄膜顶棚，展开后可覆盖整个赛场上空。赛场正上方还设有媒体箱，由4组屏幕构成，可为分布于看台各个角落的座席提供理想的观赏条件。通过12座拱形单跑楼梯可达上层看台。建筑外立面采用阳极氧化处理金属网板，作为又一层透明表皮覆盖在内部空间的实际保温表皮之外，并使楼梯清楚地显露出来。这个多用途的体育场可容纳55 000名观众，采用了当地传统的柳条筐形造型和波兰国旗的红、白两色。白天，光线和阴影投在立面上，呈现出浮雕般的效果；夜晚，整个建筑闪烁着迷人的彩色灯光。

In 2012, Poland and Ukraine will be hosting the UEFA European Football Championship. For the occasion, a new national stadium will be built in Warsaw on the existing but crumbling rubble-built Dziesieciolecia Stadium abandoned for sports uses in 1988. The stadium is in Skaryszewski Park east of the city center on the bank of the Vistula, and will form the heart of a new sports park.

The construction of the stadium is divided systematically into two. The stand consists of prefabricated concrete parts. Above this is a steel wire net roof with a textile membrane hung on freestanding steel supports with inclined tie rods. The interior roof consists of a mobile membrane sail that folds together above the pitch. The video cube with four screens giving optimal sightlines from all seats is also in the middle of the pitch. The top tier is accessed via twelve archshaped, single-flight staircases. The exterior facade consists of anodized expanded metal that provides another transparent envelope for the actual thermal shell of the interior areas and access steps. The stadium is a multi-purpose arena for 55,000 spectators shaped in the form of a traditional, local wicker basket, in the national Colors of red and white. During the day the play of light and shadows results in a relief-like effect on the elevation, while at night the whole building is illuminated in radiant colors.

1 体育场鸟瞰（图片提供：©Krystian Trela）
2 体育场立面（图片提供：©Marcus Bredt）

1

2

3

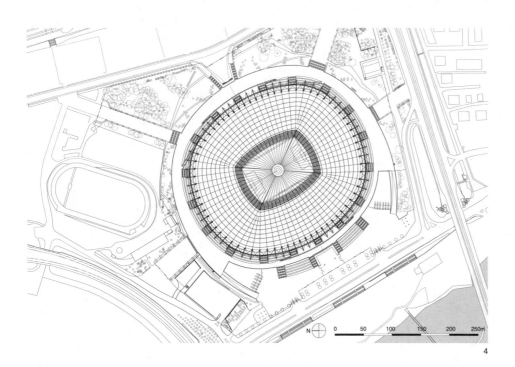

3　体育场内场（图片提供：
　　©Marcus Bredt）
4　总平面
5　体育场楼梯及表皮（图片提
　　供：©Marcus Bredt）

4

体育建筑|设计作品 5

165

6

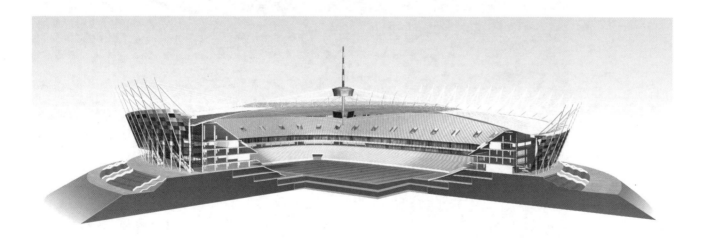

7

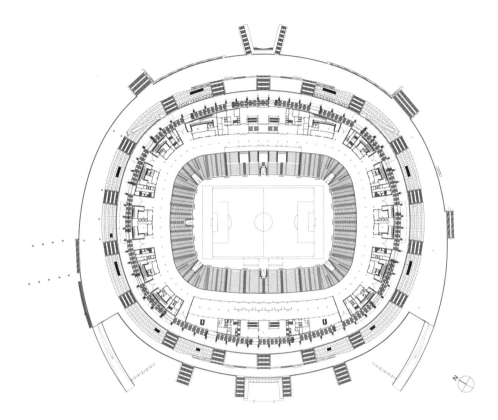

8

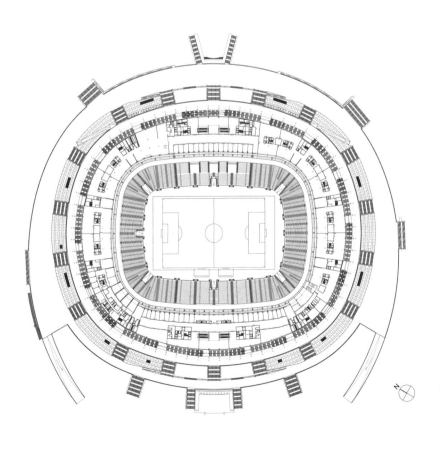

6　体育场夜景（图片提供：
　　©Marcus Bredt）
7　剖透视
8　一层平面
9　二层平面

9

LONDON SHOOTING VENUE, LONDON, UK
伦敦奥运会射击馆

magma建筑设计事务所 | magma architecture

项目名称：伦敦奥运射击馆

业　　主：伦敦奥运交付管理局（ODA）

建设地点：英国，伦敦，伍尔维奇（Woolwich）

设计单位：magma architecture

首席顾问：Mott MacDonald

总体规划 / 弹道设计：Entec

射击场总建筑面积：14 305 m²

座席数量：3 800 座

室外射击场座席数量：2 600 座

建筑设计：magma architecture

建筑设计团队：Martin Ostermann，Lena Kleinheinz，Hendrik Bohle，
　　　　　　Susanne Welcker，Pablo Carballal，Niko Mahler，Philipp
　　　　　　Mecke，Diana Drogan，Veljko Markovicz，Manuel Welsky

结构 / 服务：Mott MacDonald

设备设计 / 消防设计：Mott MacDonald

景观设计：Entec

声学设计：RPS

照明设计：Mott MacDonald

标志 / 入口设计：DLA

建造单位（主承包商）：John Sisk & Son

临时施工：ES Global

膜 结 构：Base Structures Ltd

CDM 协调员：Entec

座位方阵和覆盖：LOCOG

膜表皮面积：18 000 m²

最长无结点表皮：107 m

设计时间：2010 ~ 2012 年

建成时间：2012 年 1 月

测试时间：2012 年 4 月

图纸版权：magma architecture

摄　　影：J. L. Diehl，Hufton+Crow

　　坐落在英国伦敦东南部伍尔维奇的奥运射击馆，在2012年的奥运会和残奥会中举行了10 m、25 m和50 m的射击比赛。3个场馆都是临时的、可移动的设施。

　　射击是一项光凭肉眼难以直接看到比赛过程和结果的比赛。因此，场馆采用富有动感的曲线空间设计，使观众体验到射击比赛本身固有的流动性和精准性。3个场馆的外墙均为明快的白色，同时采用了双层曲线膜结构，上面有若干颜色鲜艳的开孔。除了使外墙富有动感，这些开孔还起到了张力节点和通风换气的作用。新鲜亮丽的外表为奥运盛会增添了节日气氛。

　　临时建筑使奥运会的射击比赛在中心地区举行成为可能。3个面积为1.4万 m²的临时建筑在距离历史悠久的皇家炮兵营奥林匹克公园不远的伍尔维奇的绿地上形成了比赛场地。将有超过10.4万名观众来此观看比赛，场馆内共设3 800个座位，分布在两个部分封闭的25 m和10/50 m资格赛场地和一个全封闭的决赛场地内。室外射击场另设有2 600个座位。长达107 m的无节点外墙对应了皇家炮兵营建筑的结构长度，更表达了自身的当代建筑风格。

　　运动员一字排开进行比赛所在的射击线，将每个膜结构覆盖的座位方阵和比赛场地分开。每个比赛场地由安装在钢架上的胶合板墙围合，内部的木材表面清晰可见，外部涂成白色。根据弹道要求，设计

有木制挡板，以保护观众免受子弹的反弹。

　　融合国际射联的要求、临时建筑市场、广播、参赛者及客户，成为该项目的主要挑战。可持续性成为设计的关键因素。我们的解决方案旨在设计可以快速建造、拆除和重建的建筑。主要目标是最大限度地减少建筑材料的使用和能源的消耗，同时使建筑易于存储、运输和再利用。由于10 m和50 m射击场的宽度和射道数量相同，因此原计划的两个射击场被合并成一个可调节的预赛场地。

　　场馆模块化的结构由一套标准的轻钢桁架组成，该材料应用广泛，可从临时工程公司租到。钢桁架由定制的连接件连接，从而创造出宽敞的无柱空间，为参观者提供了良好的视野。每个节点的设计都可以重新组装，整个建筑不使用任何化合物或黏合剂。

　　整个建筑由面积为1.8万 m²的不含邻苯二甲酸酯的PVC膜所包裹。选择PVC材料考虑其拉伸强度、热性能、半透明性和环保性能，而且它是100%可回收的。双层曲线结构是为了实现膜材料的最佳使用。钢架内的钢圈推拉建筑外表皮使其紧绷，防止在风中飘动，并确保表面无积水。钢圈还为建筑外墙和屋顶提供了开孔，起到了通风作用，同时在地面层作为入口。由于采用了两层薄膜，建筑实现了自然通风：内层和外层薄膜之间大约2 m宽的空隙不仅形成了一个绝缘层，而且使空气产生了流动。温暖的空气上升并从高处排出，凉爽的

1

空气从低处进入。半透明的薄膜可以透过部分阳光，从而减少了对人工照明的需求。

奥运会结束后，薄膜、拉紧钢圈和连接件可以包装并运送到新的赛事地点；3个移动座席方阵中的两个计划送至格拉斯哥异地重建，用于2014年的英联邦运动会；建筑的主结构将退还给租赁公司；钢桩地基从地下拔出，没有任何浪费，场地也不会留下任何痕迹。建筑被拆除，但是它将被参观者和当地居民所铭记，从而使在伍尔维奇举行的奥运会和残奥会射击比赛留在每个人的心里。

The London Shooting Venue accommodates the competitions in 10, 25 and 50 m sport shooting at the 2012 Olympic and Paralympic Games in the southeast London district of Woolwich. The three buildings are temporary and mobile.

Shooting is a sport in which the results and progress of the competition are hardly visible to the eye of the spectator. The design of the shooting venue was driven by the desire to evoke an experience of flow and precision inherent in the shooting sport through a dynamically curving space. All three ranges were configured in a crisp,

white double curved membrane facade studded with vibrantly colored openings. As well as animating the facade these dots operate as tensioning nodes, ventilation openings and doorways at ground level. The fresh and light appearance of the buildings enhances the festive and celebrative character of the Olympic event.

The use of temporary structures has made it possible to bring the Olympic shooting competitions to a central location. The event is held in Woolwich not far from the Olympic Park on the grounds of the historic Royal Artillery Barracks. Three temporary buildings covering 14.000 m² form a campus on the green field. It is estimated that more than 104.000 spectators will watch the competitions. The venue's 3.800 seats are divided between two partially enclosed ranges for the 25 and 10/50 m qualifying rounds and a fully enclosed finals range. The open air shotgun range has additional 2.600 seats. The up to 107 m long facades constructed without any joints refer to the rhythmically structured length of the Royal Artillery Barracks building, but have their own contemporary architectural expression.

Each membrane covered seating block is divided from the field of play by the firing line where the athletes line up for the competi-

2

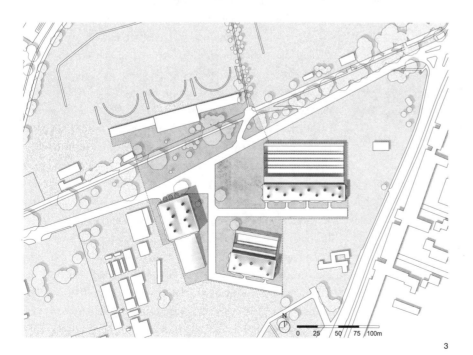

3

2 明快的外墙色彩（图片提供：
©Hufton+Crow）
3 总平面
4 室外射击场（图片提供：
©Hufton+Crow）

tion. Each field of play is surrounded by plywood clad walls mounted on a steel frame. Internally the timber surfaces remain visible, on the exterior they are painted white. Together with the walls timber clad baffles designed according to ballistic requirements shield the visitors from ricochets from the firearms.

Merging the requirements of the ISSF rule book, the temporary buildings market, the broadcasting, the visitors and the client was the main challenge of the project. Sustainability was a key factor in shaping the design. Our solution is designed to be built rapidly, then be demounted and relocated. Key objectives were to minimise the use of materials for construction and the consumption of energy in use, and to provide a structure that could be easily stored, transported and reused. As 10 and 50 m shooting require the same width and number of shooting lanes what was originally planned as two separate ranges has been combined into one prequalifying range that can be adapted.

The venue's modular frame is built up using a kit of standardised, lightweight steel trusses that are widely available for rent from temporary works firms. Trusses are joined using bespoke connection pieces to create large column free spaces for good visitor sights. Every joint has been designed so it can be reassembled; and throughout the buildings no composite materials or adhesives were used.

Cladding the frame are 18.000 m² of phthalate-free PVC membrane skins. PVC was selected for its tensile strength, thermal perfor-

mance, translucency and environmental properties – it is 100% recyclable. The double-curvature geometry is a result of the optimal use of the membrane material. Steel rings braced against the frame push and pull the outer skin, tensioning it to prevent 'fluttering' in wind and ensuring there are no flat planes on which water can collect. The steel rings also provide openings in the walls and roof for ventilation and for doorways at ground level. Because of the introduction of a second inner membrane the buildings are naturally ventilated: The roughly 2m wide void between the inner and outer fabric skins provides an insulation layer and initiates an airflow, with warm air rising and exiting through the high level ventilation extracts and drawing in cooler fresh air at low level. Daylight emitted though the fabric limits the need for artificial illumination.

Post-event, the fabric, tensioning rings and connectors will be flat packed for transport to new event locations. Two of the three mobile seating enclosures are planned to be relocated in Glasgow for the 2014 Commonwealth Games. Principal frame elements will be returned to the hire firm. Steel pile foundations will be pulled out of the ground. There is no waste and the venue won't leave a trace. With the buildings being dismantled after the event the design aims to create a place to be remembered by visitors and the local community thereby leaving a mental imprint of the Olympic and Paralympic shooting sport competitions in Woolwich.

5

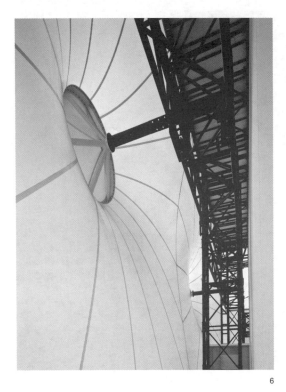

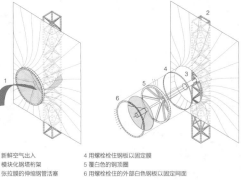

1 新鲜空气出入   4 用螺栓栓住钢板以固定膜
2 模块化钢塔桁架   5 覆白色的钢顶圈
3 张拉膜的伸缩钢管活塞   6 用螺栓栓住的外部白色钢板以固定网面

7

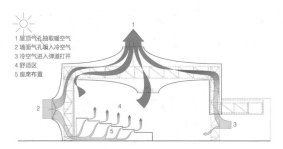

1 屋顶气孔抽取暖空气
2 墙面气孔吸入冷空气
3 冷空气进入弹道打开
4 舒适区
5 座席布置

5 馆内的比赛场景（图片提供：
   ©J. L. Diehl）
6 通风孔（图片提供：©J. L.
   Diehl）
7 可拆卸膜笛示意
8 自然通风示意

6   8

9

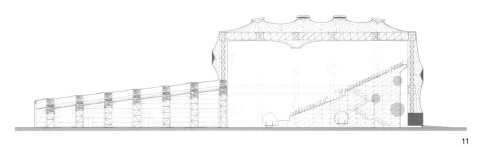

10

11

9 晚间比赛场景（图片提供：
  ©J. L. Diehl）
10 橙色馆一层平面
11 橙色馆剖面

FOUR SPORT SCENARIOS, MEDELLIN, COLUMBIA
哥伦比亚麦德林体育场馆

Mazzanti建筑事务所 | Mazzanti Arquitectos

项目名称：麦德林体育馆
业　　主：INDER
建设地点：哥伦比亚麦德林
设计单位：Mazzanti Arquitectos
合作设计：Felipe Mesa (Plan B arquitectos)
用地面积：4.35 hm²
建筑面积：30 694 m²
建筑结构：预制金属结构
座席数量：500 座
建筑高度：23 m
竞赛方案设计负责人：Andrés Sarmiento
竞赛方案设计团队：Jairo Ovalle, Luz Rocío Lamprea, Fredy Pantoja, Carlos
　　　　Bueno, Ana Prado, Carlos Acero, Jaime Borbón; Sandra Ferrer,
　　　　Damián Mosquera, Juan Pablo Buitrago, Marcela de la Hoz,
　　　　Diego Erazo（实习）
项目设计负责人：Alberto Aranda
项目设计团队：Luz Rocío Lamprea, Carlos Bueno, Susana Somoza, Luisa

Restrepo, Esteban Monsalve, Andrés Cardona; Julio Gallego,
Yerickson Rodríguez, Andrea Retat, Verónica Betancur, Julio
Moreno, Luisa Amaya, Sebastián Serna, Andrés Prado, María
Camila Giraldo, Lucia Largo, Juan Pablo Ramos（实习）
结构设计：CNI Ingenieria
设备设计：JAG – Hydraulics, EBINGEL-Electric Engineers, Restrepo Torres
　　　　y CIA LTDA-Electric Engineers
基础研究：Solingral S.A.
地貌研究：Topografia y Ambientes gráficos
生物气候研究：Bioclima
结构协助：Estaco
照明设计：ISOLUX S.A.
设计时间：2008 年
建成时间：2010 年
图纸版权：Mazzanti Arquitectos
摄　　影：Iwan Baan

此项目旨在为Nutibara 和El Volador 两山之间的狭长Aburrá山谷内部打造出一片全新的地形地貌，建成后俨然成为城市天际线的另一座山峰。远处眺望建筑，一幅地理及节庆的抽象画卷呈现眼前；而进入建筑内部，跃动的钢结构又不妨碍室内的自然采光，这正是与体育活动的举行相匹配的条件。

统一城市及建筑配置

项目实现了室内与室外设计的统一。室外公共空间及体育场馆空间连续性的实现得益于大量垂直于主建筑方向的条形屋顶结构的使用。4座场馆均独立运营，但是作为城市空间，整体上仍然气势恢宏，具备多块公共开放空间、半遮蔽式公共空间和室内体育场地。

三种分组解读方式

4座场馆既彼此独立，又在城市尺度上相互联系。3座新增的场馆可被视为一座大型建筑，在整体上同原有的Ivan de Bedout体育馆相联系。4座场馆既是卓越的建筑，又是理想的公共空间。

第一，骨架即形式。在此，结构是一种组织方法，亦是对活力的理解与诠释。这意味着建筑的骨架就是它所呈现的相互关系。

第二，骨架由均衡的结构和"肌肉"组成。在此，结构是骨架与

限制和地貌匹配的方式。骨架外露或是成为表皮，或者表皮即骨架，总之它为建筑的一种表现。建筑受制于结构。

第三，骨架即结构，包括梁柱、基座、屋顶、肌理、通道和室内空间等部分。这一智慧的结构方式与支撑结构完美匹配。

将以上三种对骨架的解读方式融合，达成了变化与发展的项目模式，较之稳固的形态，更具活力与动感。

进入场馆内部，骨架给人以未经雕琢的原始印象。桁架裸露在外，表皮不再包覆其上，而是与之搭配使用。有力的线条因其突出的造型失去了些许活力，然而帽状顶盖的体验却更加显著，另外还略带几分工业气息。建筑摒弃了屋顶的表面加工，将公共空间与室内活动融合，体现出建筑骨架即是结构的设计思路。

The project has been thought as a new geography to the interior of the elongated Aburrá Valley, midway between Cerro Nutibara and Cerro El Volador. It is a building that seems to be another mountain in the city; from the remote or from the top has an abstract image geographic and festive; from the inside, the movement of the steel

structure, allows the filtered sunlight to get inside the space, which is the suitable condition for the conduct of sporting events.

Urban and Architectural Unified Configuration

Our project took the interior and exterior in a unified way. The outdoor public space and sporting venues are in a continuous space, thanks to a large deck built through extensive stripes out, perpendicular to the direction of the positioning of the main buildings. Each of the four sporting venues operates independently, but in terms of urban space and behave as one large continent built with public open spaces, semi-covered public spaces, and indoor sports.

Three Possible Groups

Each of the four scenarios can be understood as a separate building, connected with another on an urban scale. The three new scenarios can also be understood as a single large building, related to the existing Ivan de Bedout Coliseum. The four coliseums can be understood as a great place to set both the buildings and public space.

1. The skeleton of the project is the pattern. Here the structure is an organization system or the understanding of vitality. It means that the relation the project proposes is its skeleton.

2. The skeleton of the project is made of the symmetry of the structure and the muscles. Here the structure is the way in which the limit or physiognomy of the project are equivalent to the skeleton. The skeleton is on the outside or the epidermis and vice versa, it is an expression of architecture. Architecture is qualified by the structure.

3. The skeleton of the project is the structure. Columns, bases, beams, roofs. stripes, canals, and interior space. The intellectual struc

1 体育场馆全景

1

2

3

ture of this project matches the supporting structure.

The mixture of these three orders or ways of understanding the skeleton propose a pattern for growth and variation of the project that expand its status. They make it more as a vital and beating form than a stable form.

In the interior of the sceneries the image of the skeleton seems raw when the trusses are exposed, they are not longer melted down with the skin but directly with the structure. The force lines loose a little of vigor due to its swelling and the perception of a hat becomes more evident. Even the industrial image. The project melts public space with the interior activities because the structure avoids finishing (stopping) at the swelling. The skeleton of this project is a real structure.

2 山峰般的体育馆
3 室外公共空间与场馆内空间
　保持了连续性

4

4 体育馆前广场
5 体育馆室内走廊
6 外露的造型框架

5

6

7

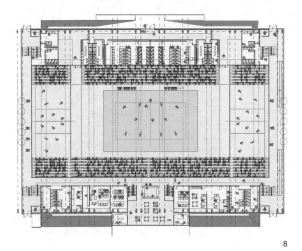

8

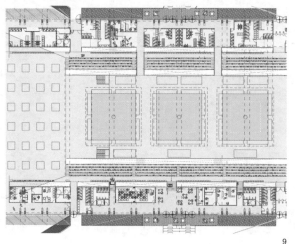

9

7 搏击馆
8 排球馆平面
9 搏击馆平面

10

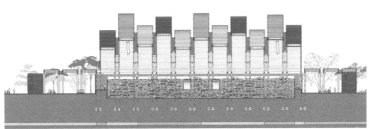

11

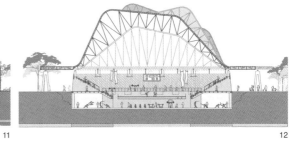

12

THE COMPLEX GYMNASIUM OF SHENYANG OLYMPIC SPORTS CENTER, SHENYANG, CHINA

沈阳奥林匹克中心综合体育馆

杨凯 | Yang Kai

项目名称：沈阳奥林匹克中心综合体育馆

建设单位：沈阳五里河体育发展有限公司

建设地点：沈阳市浑南新区核心区

概念规划：日本株式会社佐藤综合计画

设计单位：上海建筑设计研究院有限公司

用地面积：8.25 hm²

建筑面积：67 981 m²

容积率：0.82

建筑密度：42%

绿化率：20%

座席数量（固定＋临时）：10 000 座

停车位：314（包括残疾人士停车位）

项目总负责人：赵晨

建　筑　师：杨凯，冯献华，何亦军，陈学兰

结构专业：林颖儒，李剑锋，林高，陈海华

机电专业：孙刚，乐照林，吴泉，张屹等

体育工艺：刘晶，原树桂等

施工单位：中国建筑总公司第一工程局

建设时间：2007 年～ 2009 年

"沿着繁华的青年大街往南行，是名声显赫的沈阳五里河体育场旧址，曾被誉为中国足球的福地，曾经见证了2001年10月7日——中国男子足球队冲进世界杯的光荣与梦想。此时此刻，五里河体育场虽已经被夷为一片平地，而当年中国足球队世界杯胜利出线时万人欢呼的场景依稀在目，带着些许悲情，记录着中国足球一段辉煌的历史。跨过浑河大桥东南方向约1 km，一座崭新的五里河体育中心拔地而起，巍然耸立。"

概述

沈阳奥林匹克体育中心是为2008年北京奥运会足球沈阳赛区而规划建设的重点体育设施。奥体中心规划用地53.59 hm²，总建筑面积约26万 m²，总投资约20亿元。包括能容纳60 000人的五里河体育场一座，能容纳10 000人的综合体育馆一座（包括可以进行室内球类、体操运动的比赛馆和训练馆等），能容纳3 000人的游泳馆和能容纳3 000人的网球馆各一座。行政管理、业务办公、后勤用房、通用设备用房及其他公共空间等均包含于各场馆中，目前均已竣工投入使用。

项目的建设不仅满足了2008年北京奥运会足球小组赛的需要，更为沈阳市承接国内外高标准运动盛会在硬件上奠定了坚实的基础。2007年7月4日，率先启用的主体育场成功举办了中国女子足球国家队第一次比赛。2013年第十二届全国运动会将在功能配套更完备的奥体中心举办。在众人的关注与期待中，沈阳奥体中心犹如凤凰涅槃后的重生，成就了沈阳球迷一如既往的快乐梦想。

设计主旨

综合体育馆的布局服从总体规划中"以景观轴为主旨、协调展开建筑群"的要求，建筑屋面的舒展曲线与景观轴对面的游泳馆、网球中心遥相呼应，形式统一，体现出历史性和象征城市景观的特点。另外，体育馆在个性化设计基础上，更加强调建筑的高度协调性与整体性。各个建筑单体由被称为"环形流线系统"的大平台所统一，构成了极具整体性的规划设计，以及高效的建筑使用功能。

体育馆的南侧为主要交通流线中枢，其中以南北向入口大厅为中心，在东西两侧分别布置比赛中心和训练中心，形成明快合理的平面功能布局。观众流线位于平台之上，持证人群（运动员等）流线位于平台之下。

综合体育馆的完成，可为沈阳市提供一座容纳10 000名观众的综合比赛馆，满足国内综合赛事、国际单项比赛及转播场地要求；为辽宁省体训大队提供4座训练馆及健身、恢复、休息和办公等场所，训练场地含体操热身馆一座（兼排球训练场地4片），乒乓球训练场地

1

48片，篮球训练场地5片，羽毛球训练场地48片。

形体创作

综合体育馆的施工图设计在2007年完成，同年开工；为保证2008年奥运会沈阳赛场比赛不受影响，工程暂停一段时间，最终于2009年竣工通过验收。由于整个项目周期较长，体育馆的设计经历了多次调整。在综合体育馆最初的方案中，建筑形象为一个大屋盖下比赛馆和训练馆的综合体，训练馆共二层，建筑高度30 m。

这应该是一个高度体现了"形式追随功能"的设计作品。由于受基地大小限制，比赛馆和训练馆必须呈现出完整的建筑体量。基于共用一个屋顶的原因，我们找到一个合适的高度，很好地满足了比赛馆和二层训练馆的功能要求。同时，这两层训练馆也解决了方案阶段功能空间的需求。之后随着任务书的修改和使用单位需求的增加，训练馆增加为三层，内部建筑空间的分布都进行了很大调整。屋面的统一性决定了比赛馆服从训练馆，然而高度的增加对于比赛馆来说没有什么帮助，最后我们花了很大精力在满足训练要求的前提下控制建筑高度，力求保证最初的建筑形态比例。

在确定了建筑功能空间的体量分布后，设计进一步研究建筑造型和表达。为呼应设计主旨中"水晶皇冠""天空与大地"的设计理念，并针对体育场以球面为基础的屋面形态，将综合体育馆以及另一侧地块的游泳馆网球中心设计成双翼般的曲线形屋顶，如巨大的翅膀向南侧舒展撑开，迎入观众的同时，也成为展现内部体育活动的极具吸引力的外部场景。建筑物落在一个观众大平台上，四周有草坡，"翼与丘"的体育馆同"天空与大地"的体育场遥相呼应。钢结构、金属铝板和透明玻璃这些表现元素无不彰显着体育建筑的力与美，为运动员和锻炼者们营造出能烘托竞技氛围的建筑场所。

空间逻辑

整个综合体育馆的空间逻辑有两条：竞技比赛、观演空间的塑造和各类室内项目训练空间的塑造，这和使用功能相吻合。

体育建筑的空间特征非常强烈，一旦确定了运动项目的种类和性质，平面尺寸和净空要求就被确定了，基本空间随即产生。我们在确定比赛馆平面布局的时候，采用的是由内而外的设计思路。首先确定内场有多大，需要满足多少比赛项目的使用要求。一般综合体育馆都以室内体操比赛场地尺寸为最大使用需求进行设计布置，在征求了体育工艺的建议和业主单位的需求后，最后确定使用尺寸为79 m×49 m（活动看台收起时）的内场规模，以满足冰球和体操搭台的场地要求，同时也可兼顾室内田径练习馆直道总长78 m的要求；然后分别设

1 沈阳奥林匹克中心综合体育馆鸟瞰

计布置10 000座的观众看台空间和观众休息厅空间。由此看来，比赛场馆内部空间的生成其实是一个很理性的过程，要与建筑师最后对外部空间的表达相结合，才能体现出最初的感性认识。

训练馆的空间逻辑性也是功能需求的一种反映。相对复杂的地方是需要在总共三层的平面布局和空间中提供大小不一的多种空间场所，来满足乒乓球、羽毛球、排球、篮球、举重、各类体操等项目运动员的训练使用要求。不同的项目，需要场地的尺寸和高度都不相同，对于光线的要求也各不相同。我们采取的是由下至上、由小到大的布置方法，依次将标准场地需求空间最小的乒乓球训练场置于一层，篮排球训练场置于二层，数量需求最大的羽毛球训练场同时对高度要求也较高，放在训练馆三层，局部平面通高二层结合布置来满足举重、体操热身等场地的要求。

结构美学

为满足整体建筑造型需求，观众平台下为钢筋混凝土结构，平台上为钢结构，屋盖钢结构由弧形空间钢管主桁架和横向桁架组成。

设计最初的结构选型是大直径钢管组成的单层空间结构体系，简洁清晰。比较后我们发现，比赛馆和训练馆内，由于体育工艺和机电设备的要求，顶部设计有回字形马道系统，供设备安装和工人检修

用；从室内的效果来看，由于体育场馆通常不采用吊顶系统，马道将与单管钢结构屋顶形成较大落差，显得尤为突兀；如果将单管桁架改为空间管桁架，一方面可减小钢管直径，加强弧形钢管桁架的视觉效果，另一方面空间桁架形成的屋顶结构空间，将有效帮助马道的辅助安装结构的隐蔽性。经过努力，最终的效果满足了结构和建筑的需要。无论从室内还是室外看，体育馆钢结构的力学特征都得到充分展现，其形式震撼着观众的心灵与视觉，隐喻运动员的精神与情感。

设计重点解决了训练馆的功能需求，建筑方案由2层调整为3层，但结构设计面临一个难题：大空间累加大空间。第三层的羽毛球训练馆可以通过钢结构的大跨度得以实现，一层的乒乓球训练馆、挑空的体操训练馆兼排球馆和二层的篮球训练馆通过常规混凝土结构设计则难以满足。为利于组织施工进度，设计之初我们定下了将钢结构体系与混凝土体系完全分开的设计原则，如果局部训练空间再引入钢结构固然可以解决大空间问题，但结构体系不清晰，同时对钢结构防火提出要求。经过讨论和努力，设计采取预应力混凝土梁解决大跨问题，跨度设计值40 m；调整场地分区组合，利用体操热身馆兼做排球训练场地，篮球馆分区设置，合理、经济地解决了训练场地需求问题，最后的实际空间使用效果反映良好。

2 沈阳奥林匹克中心综合体育馆主广场外景

3 体育馆局部外观
4 体育馆屋盖结构近景
5 体育馆入口
6 玻璃幕墙强化了室内外通
   透感

3

4

5

6

7

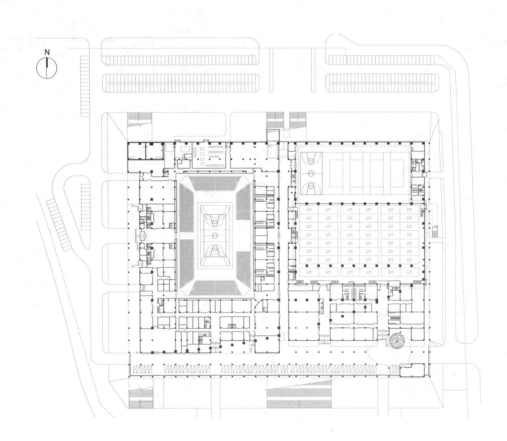

8

7　体育馆比赛大厅内景

8　体育馆一层平面

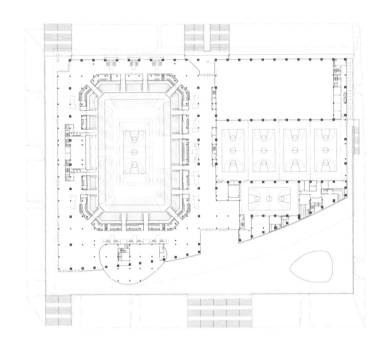

9

11

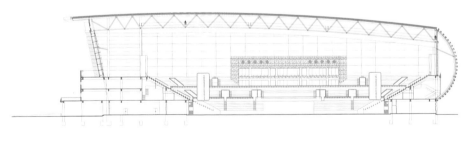

10

12

9 　体育馆二层平面
10 体育馆纵剖面
11 体育馆观众休息厅
12 体育馆观众入口大厅

THE MOSES MABHIDA STADIUM, SOUTH AFRICA
南非摩西·马布海达体育场

冯·格康，玛格及合伙人建筑师事务所 | gmp

项目名称：摩西·马布海达体育场

业　主：Municipality of Durban (eThekwini Municipality), Stategic Projects Unit

建设地点：南非德班

总承建商：Group Five, WBHO, Pandev JV

设计单位：gmp

合作设计：IBHOLA LETHU PM JV; Theunissen Jankowitz Architects; Ambro Afrique Architects; Osmond Lange Architects; NSM Designs; Mthulusi Msimang Architects, SA

建筑面积：92 300 m²

座席数量：70 000 座（56 000 固定座席，80 轮椅座席）

VIP 包厢数量：130 个

拱长度：340 m

建筑高度：105 m

设 计 师：Volkwin Marg, Hubert Nienhoff, Holger Betz

项目负责人：Holger Betz, Elisabeth Menne, Burkhard Pick

设计团队：Chris Hättasch, Alberto Franco Flores, Susan Türke, Stephan Menke, Andrea Jobski, Barbara Düring, Christian Blank, Helge Letius, Martin Krebes, Nadine Sawade, Kritian Uthe-Spenker, Rüdiger von Helmolt, Andrea Jobski, Uschi Köper, Florian Schwarthoff

结构设计：schlaich bergermann and partner, Stuttgart

设计时间：2006 年

建成时间：2009 年

图纸版权：gmp

摄　影：Marcus Bredt

　　2006年，德班市举办设计竞赛，邀请多家建筑师事务所设计一座可容纳70 000~85 000名观众的多功能体育场，作为城市的建筑地标。

　　伊布奥拉·勒图设计团队（Ibhola Lethu Consortium）最终折桂，获准设计全新的德班体育场，并负责后期的建筑深化及施工管理等工作。该工程项目团队包括32家南非本土建筑公司以及作为咨询机构的德国gmp（von Gerkan, Marg and Partners）建筑师事务所和承担概念结构工程工作的sbp（schlaich bergermann and partner）事务所。

　　摩西·马布海达体育场坐落于中央体育公园的高架平台上，地处印度洋海滨地带，通过机场高速与城市相连。建筑主入口位于绵延1.5 km的线性体育公园南端，象征着建筑在城市中的门户地位，造型宛若分支的巨拱。建筑北端设有无轨电车，运送游客及观众到达拱顶的"高空平台"，在此不但可纵览德班全貌，还能欣赏优美的印度洋海景。高达105 m的拱形结构不但成为这座全新的体育场的标志，也成为德班城市天际线中的一抹亮色，诠释了如彩虹般团结一致的多民族主题。除此之外，自上而下俯视整个建筑，还能体会出国旗的象征意义。

　　体育场为承办2010年FIFA世界杯足球赛，配备了70 000个观众座席，并在赛后缩减到56 000个。为满足承办其他大型活动的需要，座席数也可临时增至85 000个。这座多功能体育场不但满足国际足联的各项要求及指标，同时还具备英联邦运动会或奥运会场馆的各项设施条件。体育场为参赛人员、新闻工作者、观众提供了VIP贵宾设施、（高度均超过6层的）总统包厢和海洋大厅、交流室以及130个观赛包厢等各项绝佳的观赛条件。

　　体育场的碗形看台源自环形罩棚结构和3倍赛场半径的几何形状的有机融合。巨拱承载了内部膜结构罩棚的荷载，奇异的拉索结构造型也由此衍生。放射形的预应力拉索紧固于罩棚外侧边缘，而借助其一侧的巨拱与另一侧的罩棚内缘相连，形成了体育场的杏仁造型。PTFE覆面罩棚膜结构既可透射一半的日光进入体育场，又起到了庇荫遮阳的作用。

　　造型独特的多孔金属板立面的膜结构一直延伸到罩棚外缘，令光影更加鲜明生动，营造出体育场空间的轻盈与通透。受压环以及立面由下部预置混凝土柱体结构和上部中空钢质箱型柱共同支撑，围绕场地一周的高度和倾角从约30 m、90°到50 m、60°不等。多孔金属板的膜结构表面在不隔绝外界环境的同时，避免体育场内部不受大雨、强风以及阳光直射的影响。

　　座椅的配色方案选择海洋主题，其灵感来源是德班海岸景观典型的颜色搭配，从蓝绿过渡到象牙白，自看台底部的深色向高层的浅色渐变，远远望去，原本空空如也的各色观众席好似座无虚席，产生了一种令人愉悦的视觉效果。

　　体育场的人工照明不但具有赛事活动的照明功能，更使巨拱在泛光和聚光的交叉照耀下显得光彩熠熠。巨拱两侧罩棚表面的照明由直接安放于拱顶的一系列LED灯完成。其余部分屋顶膜结构则由罩棚下部人行道上安装的泛光灯提供照明。比赛气氛的营造和功能性有效结合的照明设计进一步将这座体育场打造为德班的全新地标。

1 位于印度洋滨海地带的摩西·马布海达体育场
2 总平面

1

2

In its competition brief of 2006, the city of Durban invited designs for a multi-functional stadium for 70,000 to 85,000 spectators that would become an architectural icon and city landmark.

Our Ibhola Lethu Consortium won the competition to build the new Durban stadium, and was subsequently responsible for the design and the management of construction. This project group consisted of a total of 32 South African architectural firms plus German partners von Gerkan, Marg and Partners (gmp) as consultant architects and Schlaich, Bergermann und Partner (sbp) as conceptual structural engineers.

The Moses Mabhida Stadium is situated on an elevated platform in the central sports park on the shore of the Indian Ocean, and is accessed from the city and station via a broad flight of steps. A 105 m arch rises high over the stadium as a landmark visible from afar. The main entrance at the south end of the 1.5 km long linear park symbolizes the stadium's gateway to the city, and is formed by the bifurcation of the huge arch. At the northern end, a cable car transports visitors to the 'Skydeck' at the apex of the arch. From here, you get a panoramic view of the city and the Indian Ocean. The arch flags the presence of the new stadium, making it an evocative icon on Durban's urban skyline, interpreted by the multi-ethnic population as a unifying rainbow and, seen from above, a representation of the national flag.

For the 2010 World Cup, the stadium will be fitted with seating for 70,000 spectators. Afterwards, the number will be reduced to 56,000, but can be temporarily increased to as many as 85,000 for major events. The multi-purpose stadium not only meets FIFA requirements but can also host the Commonwealth Games or Olympic Games. The building offers excellent conditions for participants, journalists and spectators, with VIP facilities, the President and Ocean Atriums (both over six stories high), clubrooms and 130 spectator boxes.

The shape of the bowl results from the interaction of the circular roof structure with the triple-radius geometry of the arena. The great arch carries the weight of the inner membrane roof. The unusual geometry of the cable system is derived logically from the structure. Radial prestressing cables are attached to the external edge of the roof all round the stadium and the great arch on one side and the inner edge of the roof on the other, thus forcing the latter into an almond shape. The PTFE-coated roof membrane admits 50% of the sunlight into the arena while also providing shade.

The perforated facade membrane of profiled metal sheeting rises to the outer edge of the roof, forming a lively pattern of light and shadow and offering glimpses of the interior, which lends the stadium a light and airy feel. The compression ring and facade are carried on precast concrete columns below and hollow box steel columns above, the height and angle of inclination varying around the stadium from approx. 30m with a 90° inclination to about 50m with a 60° inclination. The façade membrane of perforated metal sheeting provides protection against driving rain, strong winds and direct sunlight without excluding the outside world.

Inspired by the typical palette of colors of Durban's coastal landscape, we chose a "maritime" color scheme for the seat shells, ranging from blue and green to ivory, paling from dark at the bottom to light on the top rows. From a distance, the empty seats in different colors look already occupied, and make a cheerful sight.

The artificial lighting of the stadium is not just functional, but also serves to illuminate the architecture, floodlighting some parts and spotlighting or highlighting others. The roof surfaces on either side of the great arch are illuminated on top by a line of LEDs mounted directly on the arch. The rest of the roof membrane is lit from below by floodlights installed on the catwalk. Atmospheric quality and functional efficiency combine to put Durban's new icon in the right light.

3　夜晚灯光照射下通体透亮
的体育场

4 巨拱之下的体育场入口
5 内场

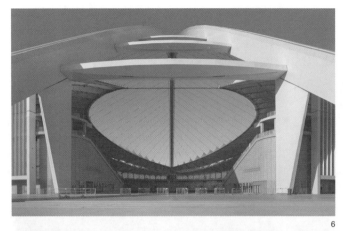

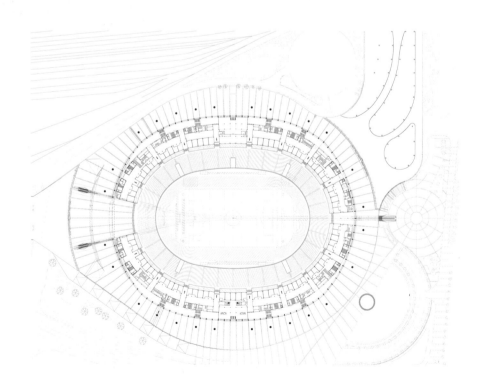

6 巨拱分叉端细部
7 巨拱结构支撑
8 巨拱结构承载了膜结构罩棚
  的全部荷载
9 体育场一层平面

10

11

12

13

10 包厢
11 内部交通空间
12 非洲风情的观众休息厅
13 餐饮区
14 体育场看台平面
15 体育场屋盖平面

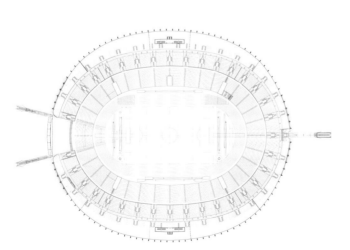

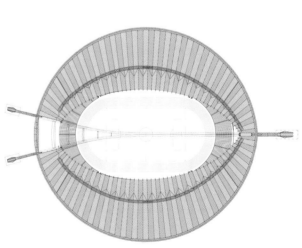

14

15

THE STADIUM OF HOHHOT
呼和浩特市体育场

曹阳　李祥云 | Cao Yang　Li Xiangyun

项目名称：呼和浩特市体育场
业　　主：内蒙古滨海体育场建设有限公司
建设地点：呼和浩特市新城区
设计单位：CCDI 中建国际设计顾问有限公司
用地面积：12.19 hm²
建筑面积：5.77 万 m²
屋面结构：空间管桁架结构
建筑结构：钢筋混凝土框架结构

座席数量：51 632 座
设计总负责：郑权
建筑专业：曹阳、籍成科、刘晓琳、王胜、李祥云
结构专业：邢民、杨宇宏、曹禾
设备专业：刘文捷、汪嘉懿、张海宇、沈锡骞
设计时间：2005 年 6 月
建成时间：2007 年 9 月

随着我国城市化进程的加速，许多城市的历史特色受到了前所未有的冲击。作为具有重要标志性作用的大型体育建筑，在运用现代工艺满足建筑功能要求的同时，如何最大限度地保持地域文化，已成为现代体育建筑设计的一项重要命题。呼和浩特市体育场设计就是在这一思想指导下将体育建筑与地域特色结合的尝试。

项目简介

呼和浩特，蒙古语意为"青色的城"，是一座历史悠久、风光绮丽、民族特色浓郁的塞外名城。呼和浩特市体育场位于城市新城区，北邻成吉思汗大街，东、西、南三侧道路为城市规划次干道。项目基地为约 300 m×240 m 的方形地块，位于内蒙古体育中心用地西侧，东临体育中心疏散广场，南侧为呼和浩特市老赛马场，东面与西北面为规划居住用地。该体育场为 2007 年内蒙古自治区成立 60 周年庆典而建，并可用于举办包括田径、足球等在内的多项全国性国际性赛事。

功能布局

体育场设计规模为 52 000 座席，总建筑面积 6.3 万 m²，主体 4 层，局部 5 层，观众看台 2 层。建筑主要由比赛场地、观众看台及比赛附属用房组成，结构形式为钢筋混凝土主体框架加索拉空间管桁架罩棚。受基地条件限制，体育场采用长轴北偏西 10°布置，总尺寸为 280 m×240 m（东西），场地内包括 400 m 标准跑道、105 m×68 m 标准足球场地和各项田径赛场地。

由于用地紧张，体育场采用环形的均质看台布局形式，东西向与南北向基本一致，使整个建筑形成一个完整的椭圆形；东、西两侧的中部与功能用房相结合，成为独立突出的建筑主入口；其他部分则设置开敞、高耸的柱廊，作为观众活动的主要空间。建筑整体造型简洁明快，粗壮的立柱以及主入口的大片石材墙面强调出体育建筑的独特个性，表现出结构的美感和力量感。

看台设计为双层，主席台和媒体席位于西侧一层看台的中部，均设有单独的出入口，并且主席台能直接到达比赛场地；东、西看台楼座与池座之间分别设有俱乐部包厢与贵宾包厢，并设有单独的出入口；其他看台则为一般观众席。

设计理念

作为内蒙古自治区 60 周年庆典的主会场，呼和浩特市体育场风格不仅要反映体育建筑自身的个性，更要突出其特殊的地域性特征。蒙古民族是个勇敢且崇尚自由的民族，"雄壮、粗犷而又不失精细"是对其民族精神的最好诠释。该体育场设计将蒙古族的这种精神和文化元素巧妙灵活地融入其中。

首先，体育场整体风格设计突出了蒙古族勇敢、无畏的英雄气概和粗犷、浑厚的精神气节。建筑造型简洁；两层均质环形看台与环形罩棚相互呼应；伫立于蔚蓝的天空与翠绿的草地之间，与大自然浑然一体；粗壮、高耸的柱廊方正、简洁，表现出蒙古民族正直的性格，以及他们崇尚力量、果敢的精神特征。

其次，建筑形态设计采用拟态的方法，罩棚模拟雄鹰展翅的造型，白色半透明的阳光板罩棚轻盈缥缈，恰似翅膀上轻柔的羽毛。并通过东、西实体墙面对雄鹰躯体的模拟、标志塔对雄鹰头颈的模拟，创造了一只抽象的雄鹰形象。

再次，建筑形式以开放式为主，在展现蒙古族热情开朗性格的同时，将主要功能用房集中布置，有效地降低体育场的整体能耗。黄灰色的辊压涂料饰面以粗糙的质感与周边环境相呼应，而且也有利于缓解当地多风沙的气候条件对建筑立面效果所造成的影响。

另外，结构构件的设计也采用了很多蒙古族的特色文化元素，以突出当地特有的地域文化。罩棚拉索桅杆模仿成吉思汗苏鲁锭长矛（苏鲁锭是蒙古人心中战神的象征，是勇士集结的旗帜）的造型；立面的梁、柱节点则以蒙古族独特的云纹作为主要装饰元素；在22个柱状楼梯的三层缓台处、结构柱之间的墙体上绘制蒙古族的雄鹰图案，来呼应雄鹰的主题立意；室内装饰也采用了大量的蒙古文化符号作为主要装饰元素。

结语

呼和浩特体育场设计是在浓郁的地域特色和民族特色环境下，对现代体育建筑的一次全新尝试。其整体风格完整、统一，功能布局、结构形式和整体造型结合得较好，因此在实际使用中取得了良好的效果，并获得了较高的评价。

1　体育场整体形象
2　极富蒙古族特色的建筑
　　元素

3

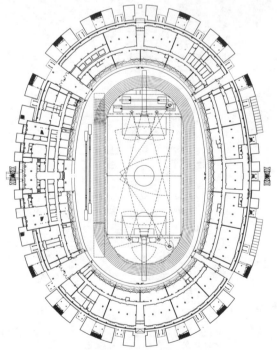

4

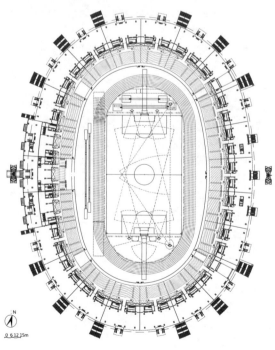

3　内场看台
4　一层平面
5　二层平面

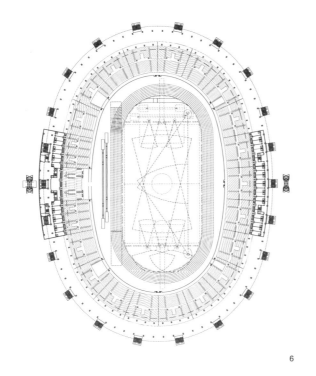

6

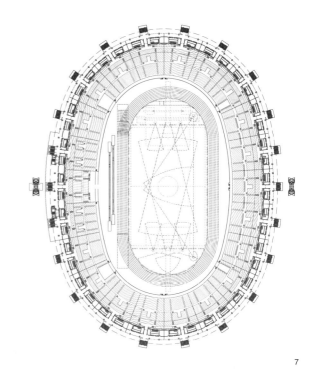

7

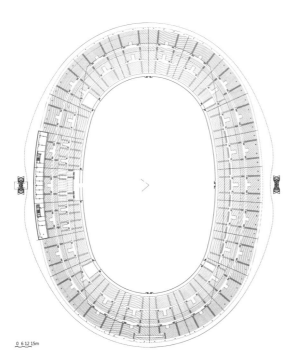

9

8

10

6　三层平面
7　四层平面
8　看台平面
9　简洁、高耸的柱廊
10　仿佛雄鹰展翅般的
　　罩棚设计

0 6 12 15m

CITI BASEBALL FIELD, NEW YORK, USA
花旗棒球场，纽约，美国

Populous事务所 | Populous

项目名称：花旗棒球场
业　　主：大都会棒球队
建设地点：美国纽约
座席数量：45 000 座
建筑设计：Populous 事务所
结构设计：WSP Cantor Seinuk
设备设计：M-E Engineers
设计时间：2005 年
建成时间：2009 年

　　Populous事务所始终引领着全球棒球场的设计。纽约的洋基队和大都会棒球队都是世界闻名的美国职业棒球大联盟棒球队。2009年，由我们设计的两支球队的新主场球场——新洋基体育场和花旗球场开始启用。

　　花旗球场与大都会棒球队原主场——谢亚球场（Shea Stadium）毗邻，搭乘城市公共交通即可方便到达，是一个融合了历史元素的现代化设施，设计师利用砖拱、裸露的钢架和花岗岩为球场打造出引人注目的形象。耸立于球场前、高19.8 m的杰克·鲁宾孙大厅（以前布鲁克林·道奇斯棒球队的队员杰克·鲁宾孙的名字命名）是球场的主入口。贯穿棒球场的钢铁桁架寓意与纽约市区相连的桥梁。棒球场几何形状的变化为每层观众都提供了独特的视觉体验。设计根据球场几何形状的变化精心设计不同的看台区，水平和垂直方向均有细致处理。现代化的球场内设有多种娱乐活动和餐饮设施，以吸引球迷们结伴而来支持主队。

　　球场沿街的造型设计意图很明确，即呈现过去城市棒球场的形象，表达怀旧的情绪。设计利用大部分预制构件和色调独特的定制砖块，塑造了布满拱形开口的整体形象。除此之外，建筑还使用了金属板和地面混凝土砌块，以再现著名的艾伯兹球场（Ebbets Field）风貌。

　　观众可以通过与赛场同层的钢架桥到达所有的娱乐场所，并且一览替补队员暖场区的全貌，以及其中正在热身准备上场的球员。钢架桥邻球场一侧为阶梯状看台，设有多排座椅及餐桌，人们可以一边就餐一边观看场内的比赛。总统套房和贵宾俱乐部则通过包厢梁桥与办公楼相连。

　　除了球场周边另外3个主要入口之外，大部分观众会从杰克·鲁宾孙大厅进入。约4层楼高的大厅内矗立着杰克·鲁宾孙的塑像，并展示着鲁宾孙时代棒球队的光辉影像及说明。观众可以通过大厅内的2个弧形楼梯和4部自动扶梯去往球场的3个层面的座席，并从多个阳台俯瞰这个令人印象深刻的入口空间。

　　著名的"本垒打苹果"在花旗棒球场内再现，设置于球场围墙之后，在主队打出本垒打的时候会被升至空中以示庆祝。原来谢亚体育场时期的"本垒打苹果"现在也还保留着，存放于新球场内。原来在谢亚体育场记分板顶部显露的纽约天际线极具象征意义，被制作成霓虹板安装在食品售卖处的屋顶之上。谢亚球场外的霓虹球员人像也被复制在定制的瓷砖墙和地板砖上，用于俱乐部的室内装饰。

　　球场设有多样的休闲场所，意在为球迷们提供各种娱乐体验，使其保持对棒球运动的热爱。外场以外的区域为人们提供了多样的娱乐选择，比如可以看到客队和主队球员的暖场区、酒吧、设有灯光及具有即时回放功能的视频信息板的儿童迷你棒球场。球场右侧围墙外设有一处团队聚会空间，在这里观众可以看到外场手的表现。在本垒板之后、面向球场的步行区还设有一个别致的餐饮区。同时球场内还进驻了纽约知名商家联合广场酒店集团（与格拉姆西酒店、Shake Shack 餐厅、Blue Smoke酒店等同为纽约知名的酒店），为人们提供熟悉的食品种类，同时也为球场引进了新的餐饮理念。场地左侧界外球杆之外的贵宾俱乐部可提供更完美的就餐体验，观众在此也可观看场内的比赛。

　　球场在绿色设计方面也进行了精心的考虑，包括使用可回收的建筑材料和高效节能的照明设备、节省水资源以及在球场墙体和屋顶设计上进行能源优化利用等。

1

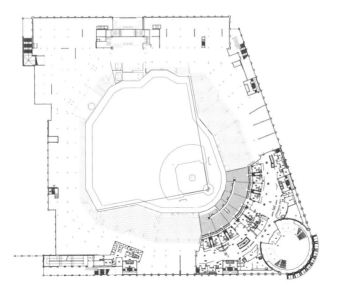

2

3

1 球场主入口广场
2 入口层平面
3 平台层平面

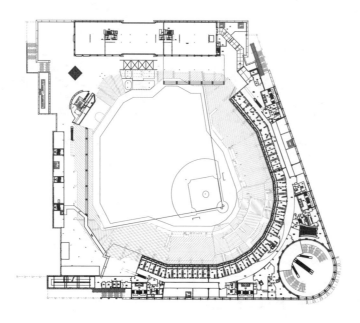

4　杰克·鲁宾孙大厅
5　总统套房层平面

6 通过钢架桥可到达场内任
  意处
7 对于原有体育场极具象征
  意义的图案被制作成霓虹
  板安装在食品售卖处的屋
  顶之上
8 外场区

9

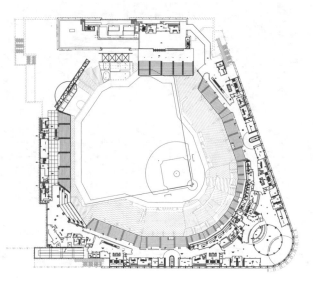

10

11

9 内场
10 俱乐部层平面
11 暖场层平面

12

13

12 著名的"本垒打苹果"
13 儿童迷你棒球场
14 球场剖面

14